Passion animale

Ma vie est un roman d'aventures

Révision : Céline Sinclair
Collaboration à la révision : Thérèse Trudel
Correction : Anne-Marie Théorêt
Infographie : Marie-Josée Lalonde

09-09

Dépôt légal : 2009
Bibliothèque et Archives nationales du Québec

ISBN 978-2-7619-2584-6

DISTRIBUTEURS EXCLUSIFS :

- Pour le Canada et les États-Unis :
  MESSAGERIES ADP*
  2315, rue de la Province
  Longueuil, Québec J4G 1G4
  Tél. : 450 640-1237
  Télécopieur : 450 674-6237
  Internet : www.messageries-adp.com
  * filiale du Groupe Sogides inc.,
  filiale du Groupe Livre Quebecor Media inc.

- Pour la France et les autres pays :
  INTERFORUM editis
  Immeuble Paryseine, 3, Allée de la Seine
  94854 Ivry CEDEX
  Tél. : 33 (0) 1 49 59 11 56/91
  Télécopieur : 33 (0) 1 49 59 11 33
  Service commandes France Métropolitaine
  Tél. : 33 (0) 2 38 32 71 00
  Télécopieur : 33 (0) 2 38 32 71 28
  Internet : www.interforum.fr
  Service commandes Export – DOM-TOM
  Télécopieur : 33 (0) 2 38 32 78 86
  Internet : www.interforum.fr
  Courriel : cdes-export@interforum.fr

- Pour la Suisse :
  INTERFORUM editis SUISSE
  Case postale 69 – CH 1701 Fribourg – Suisse
  Tél. : 41 (0) 26 460 80 60
  Télécopieur : 41 (0) 26 460 80 68
  Internet : www.interforumsuisse.ch
  Courriel : office@interforumsuisse.ch
  Distributeur : OLF S.A.
  ZI. 3, Corminboeuf
  Case postale 1061 – CH 1701 Fribourg – Suisse
  Commandes : Tél. : 41 (0) 26 467 53 33
  Télécopieur : 41 (0) 26 467 54 66
  Internet : www.olf.ch
  Courriel : information@olf.ch

- Pour la Belgique et le Luxembourg :
  INTERFORUM BENELUX S.A.
  Fond Jean-Pâques, 6
  B-1348 Louvain-La-Neuve
  Téléphone : 32 (0) 10 42 03 20
  Fax : 32 (0) 10 41 20 24
  Internet : www.interforum.be
  Courriel : info@interforum.be

Gouvernement du Québec – Programme de crédit d'impôt pour l'édition de livres – Gestion SODEC – www.sodec.gouv.qc.ca

L'Éditeur bénéficie du soutien de la Société de développement des entreprises culturelles du Québec pour son programme d'édition.

Le Conseil des Arts du Canada
The Canada Council for the Arts

Nous remercions le Conseil des Arts du Canada de l'aide accordée à notre programme de publication.

Nous reconnaissons l'aide financière du gouvernement du Canada par l'entremise du Programme d'aide au développement de l'industrie de l'édition (PADIÉ) pour nos activités d'édition.

Jacinthe Bouchard

Passion animale

Ma vie est un roman d'aventures

LES ÉDITIONS DE L'HOMME
Une compagnie de Quebecor Media

À ceux et celles qui hésitent encore à vivre leur passion
Puissiez-vous trouver dans ce livre
la clé de votre propre liberté
et assez de folie pour affronter vos pulsions inexpliquées

Avis au lecteur

Afin de respecter le droit à la vie privée, j'ai cru bon de changer les prénoms de la plupart des personnes qui, à un moment ou à un autre de ma vie, ont partagé des expériences et entretenu des relations personnelles ou professionnelles avec moi.

Ce récit très personnel qui fait la matière première de ce livre n'engage aucunement les tiers – organismes, employeurs ou institutions – qui pourraient se sentir concernés par les propos que je tiens ici ou qui seraient en désaccord avec mes prises de position. Je n'ai d'ailleurs sollicité l'approbation de qui que ce soit avant de publier ce livre.

Les motivations qui me poussent à partager mes aventures sont essentiellement positives et bien intentionnées. Toute interprétation litigieuse serait donc fortuite et sans préjudice.

Bonne lecture !

JACINTHE BOUCHARD

CHAPITRE 1

Le choc

Impossible de fuir. Le soleil de midi fait cuire mon cerveau et je sens bouillonner en moi une peur qui se cristallise, comme la lave d'un volcan. Dans ce bassin sans liquide, trois tigres à bout de nerfs cherchent comment échapper à leur karma. Pendant que les moines et les jeunes gardiens font la pause et cassent la croûte au Temple, se reposant de cette fournaise qui brûle les énergies humaines, je suis restée seule pour observer mes nouveaux amis. Ils tournent sous mes yeux, grognant leur mépris pour tout ce qui les entoure. Je me suis assise sur le fond d'un vieux seau abandonné près de l'habitat que cette piscine vide représente, avec sa peinture bleue délavée. Les ancrages des chaînes qui retiennent les fauves sont ouverts, béants. C'est le simple conditionnement qui tient lieu de frontière entre eux et moi.

J'essuie la sueur qui me coule sur le front. J'aurais dû prendre un mouchoir pour le nouer autour de ma tête. J'ignorais que la Thaïlande est un creuset en fusion de midi à 14 heures tous les jours. Les humains s'arrêtent et se contentent de respirer, évitant de bouger ou de défier leurs mécanismes d'endurance. Personne ne me l'a dit. D'ailleurs, aurais-je compris leur mise en garde, dans une langue que je ne connais pas, dans un contexte où tout m'apparaît surréaliste ? Tous mes repères sont anéantis. Rien de ce que j'ai appris avant ne me sera utile si l'un des trois tigres qui se balancent sous mes yeux décide de me remarquer. Mon parfum va les alerter, peut-être, mon haleine de Nord-Américaine aseptisée à la menthe le pourrait aussi. J'ai oublié mon Tigre Numéro 5 à la maison…

Chaque seconde vient marteler la petite veine saillante, juste au-dessus de ma tempe. J'ai soif, mais l'eau n'est pas propre. Ils ne connaissent pas l'eau de Javel ici. Les excréments et les ordures croupissent çà et là, juste pour me rappeler que le paradis qu'on m'a fait miroiter était une illusion. Dans l'atmosphère alourdie, les émanations nauséabondes dominent parce qu'elles macèrent à l'air libre. Je m'y ferai sans doute, après quelques jours. Ma première journée a déjà exigé un certain nombre d'efforts, dont le manque de sommeil, le manque d'air, le manque de sécurité, le manque de confort, le manque d'hygiène, la difficulté de communiquer et le sentiment d'atterrir en milieu hostile. J'avoue que ce plongeon dans la culture asiatique me déstabilise plus que tout autre voyage passé. Rien de comparable.

Je me sens profondément étrangère, malhabile et inculte. Je suis ici pour quatre semaines d'immersion. Suis-je seulement capable de survivre ? Étrangement, la mission qu'on m'a confiée arrive en deuxième lieu dans ma liste de préoccupations. L'instant présent m'importe. Je fais de mon mieux, dans les circonstances, comme on dit lorsque la confiance en soi n'est pas à la hauteur de l'obstacle à franchir. Je dois entraîner ces tigres, leurs bébés, leurs gardiens et leurs dirigeants qui cohabitent dans un étrange écosystème d'interdépendance. Si chacun mange, dort, boit, vit et meurt, l'équilibre est atteint. L'humain est le maître de ces lieux ; par extension, il s'est donné une responsabilité vis-à-vis de toutes les autres espèces vivantes. Il a le devoir de les protéger. Les règles du jeu pourraient se résumer à « vivre et, si tu en as la chance, laisser vivre ».

Mon t-shirt est mouillé de part en part ; je pourrais le tordre et le remettre si je me sentais chez moi. Mais quelqu'un m'observe sans doute et je provoquerais un scandale.

Le plus âgé des tigres sort du rang. Est-il fatigué ? Il hoche la tête et me regarde, la langue pendante, dégoulinante de salive. Il avance d'un pas. Sa tête continue d'osciller comme celle d'un bibelot chinois. Il avance d'un autre pas. Ses deux compagnons s'arrêtent aussi. L'espace d'une seconde, la scène se fige. Le chef rompt la stabilité en plaçant délicatement une patte devant l'autre. C'est un mouvement de prédateur à l'affût. Je décode son intention. Je dois éviter de le regarder, car il découvrirait mon état d'âme. En pleine nature, il peut reconnaître la peur à des kilomètres à la ronde. Je suis à 50 mètres de lui, assise sur un vieux seau renversé, et mes genoux claquent l'un contre l'autre avec la régularité d'un métronome. Je tremble. J'ai peur.

Je ne bouge pas. Mes yeux sont légèrement décalés, pour ne pas croiser les siens, froids dans l'atmosphère bouillante. Je pourrais lui dire : « Comment ça va, mon vieux ? Viens donc me donner la patte, on va faire ami-ami, toi et moi ! » Si je le connaissais mieux, je veux dire si je le connaissais depuis un jour ou deux, je serais tentée de lui parler. Mais dans la situation actuelle, le son de ma voix risquerait de lui paraître étrange, agressant et menaçant. Je choisis de maintenir l'évitement visuel et je travaille ma respiration. S'il bondit sur moi, ma vie s'arrête là. Tout ce chemin pour rien ! Ce serait dommage quand même de finir ainsi. Il va peut-être m'aimer. En général, je fais une assez bonne impression sur les animaux que je rencontre pour la première fois. Sur les humains aussi, d'ailleurs. À cette minute, je jongle avec l'affirmation selon laquelle on n'a généralement pas une deuxième chance pour faire bonne impression. Rien de plus vrai dans mon cas.

Je garde mes deux mains appuyées sur mes genoux, pour les empêcher de faire du bruit. Est-ce que quelqu'un m'observe ? Va-t-on venir à ma rescousse ? Se pourrait-il que ce soit normal, pour les gens d'ici, de laisser ainsi jouer les forces de la nature, l'humain contre l'animal ? Sans doute espèrent-ils tester mes compétences. L'étrangère au sourire plein de confiance en elle est en train de se liquéfier.

Rien ne bouge autour de moi, sauf ce tigre, soupesant l'étrangeté de ma présence. D'habitude, les humains font la sieste ; d'habitude, les tigres sont attachés à leur chaîne ; parfois, ils dorment, mais aujourd'hui quelque chose sort de l'ordinaire. Une femme blonde au parfum insolite leur fait face. Elle est spécialisée en comportement animal. En cette seconde précise, elle changerait volontiers sa passion contre une série de barreaux de métal derrière lesquels se réfugier.

Plus que 40 mètres. Il a une blessure à une patte. On dirait un ongle infecté. Il faudrait le soigner pour éviter qu'il souffre. Je voudrais bien avoir le courage de lui dire : « Donne-moi ta patte, mon gros chaton, je vais la soigner. » Le silence est ma stratégie. Mes yeux obéissent à mon cerveau qui répète : « Reste calme, ne lui impose pas ta domination, laisse-le t'observer sans te sentir menacée ; il est juste curieux... »

Le tigre marche la tête plus basse qu'au début. Les autres décident de s'asseoir, pour se reposer. Ils ne sont plus que spectateurs. Ils attendent l'action, comme dans un film qui s'étire inutilement. J'aime bien les fins heureuses, mais là, je ne saurais parier... Le réalisateur aura-t-il pitié de moi ?

Deux tigres assis et un en mouvement. Bon indice, c'est qu'ils ne ressentent pas de menace directe. C'est positif, ils n'ont pas peur de moi. Le félin me fait face, je pourrais le toucher. Sa bave glisse sur mon pied. J'aurais dû porter mes espadrilles, mais je suis en sandales devant ce grand prédateur. Quelle imprudente ! Il relève la tête et ouvre la bouche. Son haleine fétide me monte au nez. Avec sa mâchoire, il serait capable de rompre mon bras sans le moindre effort. Il sait précisément où se trouve ma jugulaire et comment donner un coup de gueule pour rompre ma colonne cervicale. Je lui dois déjà la vie, car il aurait pu m'attaquer sans crier gare. Je me détends, faute de mieux. Je le laisse venir vers moi. Je ne dois pas être très appétissante. Il n'aime sans doute pas les blondes. En aurait-il déjà goûté ?

Il se colle à mes jambes. Je sens son pelage qui frotte ma peau. Il lèche mon mollet d'un grand coup de langue râpeuse. J'ai beaucoup transpiré et ma peau doit être légèrement salée. Il se pourlèche. Je ne sais pas comment me sortir de ce drôle de tête-à-tête. Je respire à peine.

Une cloche sonne au loin. Le tigre lève la tête. La sieste-repas est terminée. Les jeunes gardiens sortent de leur cabane et appellent leurs bêtes en quelques mots aigus. Ils apportent un seau d'eau. Je perds tout intérêt aux yeux des tigres, qui se dirigent vers l'abreuvoir. Ils accueillent les caresses en ronronnant. Je me lève, les jambes molles. Le moine que j'ai vu au déjeuner, ce matin, celui qui est le chef spirituel des lieux, vient à ma rencontre avec son interprète anglophone. « Vous avez beaucoup de sang-froid, madame. Comment avez-vous résisté à la peur ? » me lance l'interprète, dans un anglais impeccable.

Je mens très mal et, lorsque j'essaie, je me sens rougir de la tête aux pieds, ce qui me trahit immanquablement. Alors je lui avoue que j'ai eu peur. « Il m'a donné le bénéfice du doute, votre respectable protégé, c'est ce qui fait que je suis encore là pour vous parler… Ouf! Je n'ai jamais eu aussi chaud de toute ma vie, je crois. »

Ils m'entraînent dans leur sillage. Mes pas se raffermissent et je les suis, en reprenant mon souffle. Nous approchons d'un bâtiment dont les marches sont ornées de serpents très colorés. Les rampes mènent à une sorte de chapelle où on ne pénètre que pieds nus, car, comme l'explique l'interprète, il y fait un peu plus frais. Je ne dois pas regarder le moine dans les yeux, mais pas pour les mêmes raisons que les tigres. Lui, il est investi d'un pouvoir parce qu'il a suivi les enseignements de Bouddha. Les femmes doivent s'incliner devant lui et éviter de le dominer. Mais je mesure une bonne douzaine de centimètres de plus que lui. L'interprète me dit que je peux simplement incliner ma tête pour lui signifier ma soumission. « Si Bouddha vous a donné cette taille, il n'y peut rien. Votre respect passe alors dans votre attitude, vos gestes, votre regard indirect. Je vais vous montrer comment faire le salut thaï. Il vous sera utile partout ici. »

* * *

Pendant que Tom m'explique comment faire le *wai* – placer les paumes de mes mains ensemble, puis les élever à la hauteur de mon plexus tout en inclinant légèrement la tête –, le vénéré père abbé Phra Acharn Chan s'assoit sur un tapis, dans une posture de méditation. Son corps est présent en ces lieux, mais son esprit et son âme s'élèvent dans un univers connu de lui seul. J'interroge Tom : « Doit-on faire silence pendant qu'il médite ?

— Nous allons le laisser. Même s'il ne vous prête aucune attention, vous devez faire votre salut en ajoutant les mots *sawat di kha,* le bonjour empreint de respect que tout le monde offre ici avec un large sourire, en vous retirant.

— *Sawat di kha*… Je dois retenir ces mots… »

Tom me regarde avec un sourire amusé. Une Nord-Américaine qui atterrit en Thaïlande ne peut soupçonner le nombre de gestes que lui imposeront à la fois la culture bouddhiste, avec sa hiérarchie spirituelle, et la monarchie constitutionnelle dirigée par le roi Rama IX. Elle ignore tout de la notion même de respect.

Ses explications me font prendre conscience que j'ai grandi dans une mer d'individualisme où la liberté est implicite. Ici, ma façon de relever la tête, de tenir les épaules en arrière, de fixer les gens droit dans les yeux et de défier la vie à chacune de mes respirations va paraître étrange, voire offensante. Pour éviter de me compliquer la vie, au cours des quatre prochaines semaines, je devrai me faire plus effacée et démontrer ma capacité d'adaptation. Avec les animaux, l'approche est instinctive : les tigres ont déjà flairé mes intentions. En ce qui concerne les humains, ce sera sans doute plus complexe.

Au moment de quitter la grande salle, Tom murmure quelques mots en collant une petite feuille d'or sur la statue du Bouddha qui occupe la place centrale. A-t-il une faveur à demander à Bouddha ? Il s'incline puis m'entraîne vers la sortie.

* * *

Il est 14 h 30. Le soleil est éblouissant ; je regrette de ne pas avoir pris mes verres fumés. Les yeux noirs de mon interprète s'y adaptent pourtant sans problème. Lorsqu'il arrive à ma hauteur après avoir remis ses chaussures, je l'observe plus attentivement. Il est mince, de la même taille que moi, ce qui semble grand pour un Thaïlandais ; ses cheveux de jais sont gommés par le gel. Est-ce un trait de caractère que ce conformisme ? Il porte une veste safari par-dessus sa chemise de coton et son jean est repassé. La chaleur le laisse donc indifférent ?

« Fait-il toujours aussi chaud, ou est-ce une façon originale de me souhaiter la bienvenue dans votre hémisphère ?

— En fait, c'est une journée plutôt agréable. Pour nous, 40 degrés Celsius, c'est une bénédiction. Lorsque le mercure dépasse les 50 degrés et que le vent ne souffle ni de l'est ni de l'ouest, nous nous habillons pour mieux nous protéger. Vous allez rapidement vous y faire… Où est donc votre assistante ? Elle devrait vous accompagner partout, me semble-t-il.

— Nathalie n'a pas dormi de la nuit… et elle est terriblement nerveuse, après sa sortie côté cage de ce matin. Je lui ai dit d'aller faire la sieste. Je ne pense pas avoir besoin d'elle avant 15 heures. On m'a dit que je pourrais alors faire le tour du Temple des Tigres avec Margarita, après le départ des touristes. »

Tom Bashi acquiesce. En effet, l'horaire du personnel est toujours fragmenté par la présence des 500 touristes qui défilent tous les jours sur le site. Avant l'arrivée des visiteurs, c'est la méditation, le déjeuner et la préparation des animaux. Les touristes déferlent ensuite par vagues, avec leur imaginaire surexcité par l'exotisme. Ils repartent vers 15 heures, après le cirque des photos, des oh ! et des ah !, puis le calme revient, chacun pouvant alors faire ce pour quoi il est là. Les gardiens ramènent les animaux à leur cage et leur parlent comme s'ils rentraient du travail. Ils sont tous des figurants, des acteurs qui font leur cinéma cinq heures par jour, en échange de leur nourriture. Une fois leur boulot terminé, ils savourent les fins de journée plus fraîches et redeviennent eux-mêmes. Ils sont amis avec leur animal et partagent avec lui une sorte de complicité artistique. Leur vie se résume à cela, en fait: de la figuration.

Je demande à Tom: «Parlez-moi un peu de Margarita... J'ai hâte de la connaître.

— C'est une force de la nature. Je suis certain que vous allez vous entendre comme deux siamoises...»

Tom m'entraîne vers son bureau, me désignant de la main l'une des trois portes qui s'alignent derrière le guichet de l'accueil. La file d'attente est encore longue et les guichetiers ont un sourire figé et imperturbable, quoi qu'on leur dise. D'ailleurs, entre deux coups de tampon, comprennent-ils seulement ce qu'on leur dit? Du moment que les visiteurs signent le formulaire obligatoire par lequel ils renoncent à toute poursuite judiciaire, ils peuvent bien dire ce qu'ils veulent. La sacro-sainte formule décharge l'organisation de toute responsabilité, en 10 langues. Elle est photocopiée puis insérée dans un miniclasseur à courrier, installé entre les deux guichets. Le guide qui précède son groupe reste là pour indiquer dans quelle langue le visiteur peut signer. Tampon et paiement, puis au suivant!

Tom m'invite à m'asseoir et, agissant en hôte convenable, m'offre une bouteille d'eau. La chaleur ne pénètre pas dans le local sans fenêtres aménagé sobrement. Le ventilateur de plafond arrive à créer un peu de fraîcheur.

«On respire mieux ici... Moi qui adore le soleil, je commence à croire qu'il cherche à se faire des victimes, et non des amis, de ceux qu'il touche de ses rayons. Mieux vaut s'en méfier, n'est-ce pas?

— Profitez-en pour vous détendre un peu. Ici, vous êtes la seule à gérer votre temps. Je sais que cela va d'abord vous paraître improductif, mais cela fait partie de nos valeurs, de notre culture.

— Visiblement, vous êtes un pur produit de cette culture... Êtes-vous déjà allé en Amérique ? Votre anglais est impeccable. Vous semblez deviner mes pensées. Je me disais justement que mon programme d'aujourd'hui se résumerait... à bien peu de choses. »

Sans trop savoir pourquoi, je suis sur le qui-vive. Je n'arrive pas à retrouver mon calme. L'adrénaline me tient en alerte. Je remonte une mèche de cheveux jusque derrière mon oreille. Ma respiration est accélérée. La voix de Tom est pourtant très rassurante.

« Je suis né dans un bidonville de Bangkok il y a 40 ans. Mon père était en prison pour trafic de drogue et ma mère vivait de prostitution. J'ai mangé dans les poubelles plus souvent qu'à mon tour. Les animaux du Temple sont cent fois mieux traités que les enfants de Klong Toey, mon bidonville. Heureusement que Sister Dorothy s'est occupée de moi. Elle dirigeait une sorte de maison d'accueil, avec les bénévoles de Point-Cœur, et elle m'a trouvé un parrain en Australie. Il a payé mon premier pantalon et ma première chemise propre, ce qui m'a permis d'aller à l'école comme les enfants normaux. Il m'a fourni crayons et livres, deux repas par jour et des bougies pour faire mes devoirs le soir, car nous n'avions pas de lumière après l'extinction de la lampe de surveillance du dépotoir. Lorsque j'ai obtenu mon diplôme, à 16 ans, j'ai voulu aller rencontrer mon bienfaiteur. Il m'a offert un billet d'avion ouvert et j'ai pu aller étudier à l'université là-bas. J'y suis resté cinq ans. Le milieu des affaires m'intéressait, mais aussi les langues. Je suis devenu un communicateur traducteur et j'ai une passion pour le marketing, comme on dit en Amérique. Mais, assez parlé de moi... Je suis curieux de mieux vous connaître.

— Dites donc ! Votre histoire est passionnante. Plus que la mienne, à vrai dire. Comment êtes-vous arrivé jusqu'ici ? Le

Temple des Tigres est à des lieues de la modernité australienne. Vous n'avez pas succombé aux charmes de la grande ville ?

— Lorsque j'ai fait ma dernière année de formation, j'ai donné mon nom comme bénévole pour la World Wide Fund for Nature. J'ai eu l'occasion de visiter tous les grands parcs animaliers de l'Australie et de discuter avec les gestionnaires des bons mais surtout des mauvais côtés de leur exploitation des animaux dans les zoos. Évidemment, j'ai été appelé à prendre la défense des espèces menacées. Une fois mes études terminées, on m'a offert un emploi de stagiaire et j'ai "milité", comme on dit chez vous, pour faire évoluer la pensée sociale. Je me suis attaqué à une tradition en béton. Après dix ans, j'ai choisi de revenir au pays. J'ai cherché un lieu qui me permettrait de faire le lien entre mes valeurs, ma personnalité et ma culture aussi, et j'ai choisi de dire adieu à mon parrain. J'ai été accueilli au monastère d'abord pour y étudier le bouddhisme. Après huit mois, j'ai demandé à mon maître spirituel, le père abbé, si je pouvais devenir un employé. Il m'a engagé à la réception, où j'ai humblement mis mes connaissances au service du Temple des Tigres. Maintenant, je suis responsable des guides interprètes et je fais office de conseiller en communications publiques. Simplement, j'aide la fondation à être mieux perçue dans le monde, à solliciter des dons pour poursuivre le développement. »

Un bref silence s'installe. Les derniers mots de Tom me renvoient à une réalité délicate. Il a pour tâche d'attirer les touristes et les dons ; il veut inspirer la confiance et atténuer les critiques. Mais moi, je suis là parce que les visiteurs se plaignent. Un mur s'est-il dressé entre lui et moi, à la simple évocation de sa mission au Temple ? Évidemment, je vais exiger de la transparence et mon intention n'est pas de désapprouver en bloc tout ce qui se fait ici. La collaboration sera-t-elle possible ?

« Ne jugez pas tout de suite l'arbre que vous croyez voir... Attendez de l'examiner et nous en reparlerons, glisse-t-il pour désamorcer l'élan critique qui se dessine dans mon esprit.

— Je n'ai pas l'intention de vous condamner. Je suis ici parce que certaines mentalités, justement, évoluent ! Vous devriez vous en réjouir.

— Oui, nous nous en réjouissons. Mais parmi les visiteurs qui défilent ici, certains se permettent de déblatérer contre nos méthodes et notre philosophie, afin de nuire à nos projets d'avenir. La critique est une épine à notre pied. Elle nous empêche de marcher rapidement vers le changement souhaité. Sans nos 200 000 visiteurs annuels, notre virage ne peut s'effectuer. La mauvaise presse tend à faire diminuer l'achalandage. C'est une forme de menace, quoi qu'on en pense.

— Évidemment, chacun laisse au moins 10 dollars américains à votre caisse. Avec deux millions de dollars de recettes annuelles, vos administrateurs doivent espérer que cette vache à lait ne se tarisse jamais. Cependant, à Care for the Wild International, nous avons reçu des commentaires par centaines de la part de touristes qui viennent ici. Ils dénoncent ouvertement les conditions de vie des animaux. Vos tigres sont célèbres, indéniablement, mais ce sont des victimes ! C'est précisément la raison de ma présence ici. »

Tom accueille mes propos avec un mouvement de recul. Son malaise est à couper au couteau. Il espérait sans doute que je mette des gants... mais ma priorité doit être claire : savoir quelles sont les conditions de vie de tous ces animaux que le Temple des Tigres utilise à des fins commerciales. Il boit une gorgée d'eau.

« Je vois que la fondation Care for the Wild International vous a fait un exposé assez précis.

— Je peux croire que le mandat qu'elle m'a confié repose sur des faits et non sur des suppositions. On a fait appel à moi pour vérifier, pour diagnostiquer, pour faire en sorte que les choses changent. Ce n'est pas un simple jeu de perception. Vos activités sèment la controverse. Ce n'est pas un climat très propice pour attirer des dons, me semble-t-il. Combien de temps pourrez-vous supporter les détracteurs, dites-moi ? »

L'interprète laisse voir sa nervosité. Une goutte de sueur perle à la racine de ses cheveux impeccablement coiffés. Il cherche une façon de désamorcer ma prise de position assez incisive. Je ne suis pas là pour faire dans la dentelle. Les questions que je pose méritent des réponses sans équivoque. J'attends donc sa réaction en le fixant droit dans les yeux.

« Si vous le voulez bien, j'aimerais vous considérer comme une ambassadrice de la fondation Care for the Wild International, ayant pour mandat de vérifier, d'une façon neutre et impartiale, les opérations quotidiennes concernant les animaux. Après avoir fait cet examen clinique, vous serez en mesure de proposer un point de vue personnel et professionnel pour nous aider à élaborer d'une façon constructive l'avenir de notre parc. Nous sommes porteurs d'une mission spirituelle, qui est à la base de nos actions : la vie d'un animal est aussi précieuse pour nous que la vie humaine. Nous sommes les gardiens de chaque vie. Pour accueillir les animaux et leur assurer une protection, il nous faut des sources de revenus, ce qui est légitime. Les visiteurs du monde entier entrent dans cette chaîne de valeurs lorsqu'ils franchissent notre guichet. Or, lorsqu'ils quittent le Temple avec leurs trophées photographiques, ils brisent cette entente. Les plaintes ne sont-elles pas une sorte de trahison ? Une méconnaissance manifeste de notre culture ?

— Je vois. Mais vous avez visité les zoos d'Australie, n'est-ce pas ? Avez-vous apprécié tout ce que vous y avez vu ? Votre travail vous a-t-il amené à remettre en question certaines pratiques abusives ? Les différences de culture, entre nous, les animaux n'en ont rien à cirer ! »

Je sens la colère bouillonner en moi. Je me lève. J'ai un besoin instinctif de bouger. D'ailleurs, ce bureau ressemble à une cage. Je m'y sens à l'étroit dans mes convictions. Le pauvre interprète ne pourra pas contenir toute ma révolte, j'en ai bien peur. Il a touché sans le savoir une corde très sensible en abordant la question sous l'angle précis du bien-être des animaux. Que nous demandent-ils, à nous, les humains, les beaux tigres du Temple ? Quelqu'un ici s'est-il déjà posé cette question ?

« Je sens que nous allons devoir reprendre cette conversation dans un climat plus serein, ajoute Tom. Pour l'instant, j'aimerais vous proposer une pause et vous laisser le temps de terminer votre installation. Ensuite, rejoignez-moi à la grille qui donne accès au canyon. Nous irons ensemble rencontrer Margarita.

— Bien. J'espère que mes paroles ne vous ont pas blessé. Mes convictions m'amènent à défendre les animaux de mon mieux, mais mon intention n'est pas de m'en prendre aux humains bien intentionnés comme vous. Je vous prie de m'excuser. Je n'aurais pas dû m'emporter. »

Tom sourit. Le sourire thaïlandais a quelque chose d'indéfinissable, de mystérieux. On ne sait jamais s'il veut dire « ça va, je vous ai compris » ou « je finirai bien par vous convaincre que j'ai raison ». Mais cela, je ne le savais pas encore.

* * *

En suivant la ligne visuelle de la haute clôture qui délimite la propriété du Temple des Tigres comme un immense carré de sable ocre, je retrouve les repères qu'il me faut pour regagner mon habitation. La lumière du jour apporte une réponse plus rassurante que la nuit dernière. Lorsque mon assistante et moi sommes arrivées en ces lieux, vers 2 heures du matin, la grille lugubre et la haute clôture paraissaient fort impressionnantes. Le chauffeur de taxi, qui ne savait que deux mots d'anglais, a placé nos valises près de la grille en disant: «*Thank you Ma'M.*» Sous le porche, une petite veilleuse indiquant un nom et un numéro nous a révélé l'existence d'un bouton sur lequel on avait collé une inscription en thaïlandais.

J'ai sonné puis attendu avec anxiété que quelqu'un se présente, alors que le véhicule qui nous avait amenées était déjà reparti, nous laissant seules au milieu de nulle part. De longues minutes plus tard, un portier s'est approché et a ouvert la grille coulissante. Nous l'avons suivi à petits pas, sans lumière pour éclairer le sol irrégulier. Nos lourdes valises pourraient-elles rouler? Pas le temps de poser la question. Sans doute étions-nous à proximité de nos chambres. Le guide ne disait rien. Il marchait lentement en balançant sa lampe de poche devant lui. Nous avons traversé un patio, contourné un bâtiment, puis le faisceau de la lampe a dévoilé une colline, des arbres squelettiques, un muret puis une autre clôture. Une maison était perchée là-haut. Le guide nous a fait signe de monter. Il a fait un salut et nous a laissées là.

La nuit était d'encre. Des sons et des odeurs venaient nourrir nos appréhensions: l'imaginaire travaille tellement fort dans l'obscurité. Le bruit des pas du guide s'est tu. Je me suis rapprochée de Nathalie. J'avais la trouille. Pourquoi m'étais-je lancée tête baissée dans l'inconnu ? Et si nous rebroussions chemin ? Impossible, la grille s'était refermée et je devais assumer mon karma. J'avais mal au ventre. Un caillou s'était logé dans mon soulier. Misère !

« Mais où est-ce qu'on est ? Ça me rappelle un film d'horreur, tu sais, le village hanté où des filles sont..., m'a dit Nathalie à voix basse.

— Pitié ! Écoute, on dirait des animaux. On est sur une sorte de ferme. Il y a un cheval, des porcs aussi...

— Et ça, c'est un coq qui chante ? Il n'a pas vu l'heure ! a-t-elle ajouté en riant nerveusement. Il va réveiller tout le monde...

— Allez, monte, si tu veux poser tes valises avant que les bras nous tombent ! »

Entre les cailloux, un sentier se dessinait, menant à un escalier, une galerie et une porte. Nous avons frappé deux petits coups timides.

« Je compte jusqu'à cinq et, s'il n'y a pas de réponse, j'ouvre. La maison est peut-être inoccupée ; on ne va pas attendre que le jour se lève pour entrer. »

Un léger bruit de pas, une ampoule électrique et la porte s'est ouverte. Une femme à demi endormie nous a accueillies aimablement.

« Vous êtes les Canadiennes ? Personne ne savait à quelle heure vous arriveriez. Margarita aurait aimé vous attendre mais son mari... Entrez ! »

La maison en brique de terre cuite était humide et tiède. Nous avons appris que Jane en est la seule occupante, même s'il y a quatre chambres et un salon. Jane est là depuis presque deux mois. Elle doit rentrer dans son pays le week-end prochain. C'est une Irlandaise qui parle fort et qui a le rire facile. Même si nous venions de la tirer du lit, elle s'est fait un devoir et un honneur de nous mettre en confiance.

« Margarita m'a dit qui vous êtes. Je suis heureuse de vous connaître. Selon elle, vous personnifiez une sorte d'Indiana Jones au féminin. Tom m'a montré un reportage sur vous. J'y ai lu que vous parliez aux animaux… Je ne croyais jamais avoir la chance de rencontrer, de toute ma vie, une personne aussi passionnée… Le hasard doit être de mon côté. Ma fille est venue voir les tigres l'an passé et elle m'en a parlé avec tellement d'enthousiasme que j'ai décidé de m'inscrire sur une liste de bénévoles. La fondation m'a proposé de passer deux mois ici, logée et nourrie, à condition de faire quelques heures de travaux chaque jour. C'est une expérience e-x-t-r-a-o-r-d-i-n-a-i-r-e. Je suis tellement flattée… imaginez. À six jours seulement de mon départ, de vous voir ici… wow ! »

Son accent rond et chantant se mêle à son style spontané. Cette femme rousse au teint pâle, piqué de grains de soleil, inspire confiance. Même si ses propos semblaient nettement exagérés, sa chaleur humaine était très réconfortante pour deux filles épuisées qui venaient de passer plus de 30 heures entre ciel et terre. Sachant que le lendemain rétablirait les faits sur ma supposée réputation, j'ai cherché un raccourci.

« Merci pour votre gentillesse, Jane. Sans doute aurions-nous des tas de choses à dire, mais la fatigue du voyage nous pèse. Où pouvons-nous déposer nos valises ? »

En posant ma question, j'ai jeté un coup d'œil autour de moi. La pièce était vide. Il y avait deux coussins et une sorte de natte de paille dans un coin. On ne m'avait jamais donné de précision au sujet de l'hébergement. Les lieux étaient-ils meublés ? Cela allait de soi, vu de Montréal…

« Les Thaïlandais ne connaissent pas le confort des sociétés modernes. Ils vivent par terre. Le plancher de céramique est un fauteuil, une table, un lit… Venez que je vous montre vos chambres. »

J'ai regardé Nathalie avec des points d'interrogation dans les yeux. La maison est propre, mais il n'y a pas de mobilier, pas de toilettes, pas de cuisine. Mis à part le salon, il y a quatre chambres vides et une sorte de garde-robe qui sert de salle de bains.

« Au moins, il y a des portes et des fenêtres, a précisé Jane. Quand j'ai le mal du pays, je m'imagine en train de prendre un café, assise confortablement près d'une table. Pas de téléphone, ici, pas de télé, rien que le soleil qui nous tient lieu d'horloge et les animaux qui sont vivants, bien vivants, eux.

— Vous avez supporté cela toute seule pendant… sept semaines. Vous devez être une sainte ! a lancé Nathalie.

— Je commence à m'habituer. Les bouddhistes appellent cela *le détachement*. Il ne faut rien désirer, simplement apprécier ce qui est là, grâce à Bouddha ! Inutile de vous dire que je souffre en silence et que je médite là-dessus depuis des jours », a-t-elle ajouté en désignant ses deux fesses endolories par de longues stations assises à la dure.

Nous avons ressenti instantanément une forme de compassion pour elle tout en réprimant un rire nerveux. Sa brève complainte aurait mérité d'être mieux accueillie. Jane nous a précédées. Nos deux chambres sont près l'une de l'autre alors que la sienne est juste en face. Elle s'est excusée du désordre.

« Ma valise est mon seul rangement et mes vêtements me servent de matelas. Vous devrez vous accommoder de la même façon, j'en ai bien peur. Impossible d'appliquer ici ce que nos mères ont mis des années à nous enseigner : garder nos choses en ordre. Parions qu'au retour vous apprécierez comme jamais votre environnement et votre confort même dans des petits détails qui vous échappaient auparavant. La liste des non-commodités ne s'arrête pas là. Le petit coin est une curiosité. Venez voir. »

Les murs de maçonnerie sont restés rougeâtres, au naturel. Une chandelle est posée sur le rebord d'une sorte de mangeoire de béton remplie d'eau. Il y a un robinet planté dans le mur à mi-hauteur d'homme. Le pommeau se déplace vers l'avant, pour créer un jet qui tient lieu de douche. On garde de l'eau dans le bac du bas pour se laver, pour nettoyer les lieux après avoir fait ses besoins. Il y a un trou au sol, un tuyau qui permet, par gravité, de faire disparaître les excréments. Un bol de plastique flotte sur l'eau tiède en attente dans le bac; on comprend que la chasse d'eau est manuelle. Le sol est en carreaux de céramique encore tout luisants. C'est le plancher de la douche aussi. L'eau s'écoule dans le même drain et sèche, entre les usages. Rudimentaire. La bougie sert à éclairer les lieux et à en chasser les odeurs. Jane devra partager son confort rudimentaire avec deux autres personnes… L'absence de papier hygiénique passe inaperçue, mais pour bien peu de temps.

« Moi qui avais envie de pipi depuis l'arrivée en taxi… Je ne sais pas trop si…

— Vous vous y ferez, soyez sans crainte. Le retour à la nature n'a jamais tué personne. Nous sommes des mammifères après tout ! » lance Jane en riant.

Nos yeux se croisent. Un fou rire incontrôlable nous réconcilie avec la réalité. L'aventure ne fait que commencer…

Une heure plus tard, j'essaie de trouver une façon d'uniformiser mon matelas en déplaçant les vêtements que j'ai rapidement étendus par terre. Maman ! Heureusement, je traînais avec moi un oreiller gonflable pour voyager en avion et un filet pour me protéger des moustiques. La chaleur est supportable et la fenêtre reste entrouverte. Les bruits nocturnes me gardent éveillée malgré mon état d'épuisement. J'identifie les espèces qui cohabitent, mes nouveaux voisins en somme, et je me demande bien pourquoi j'ai accepté ce défi. Les animaux ! Que de découvertes invraisemblables ils m'ont fait vivre ! Mon premier sentiment sur le coup est un curieux mélange d'hostilité et de peur de l'inconnu. J'imagine le pire parce que je suis fatiguée. Laissons le repos faire son œuvre.

J'ai dû m'assoupir quelques instants puisque, en sursaut, j'ouvre les yeux sur une lueur blanchâtre qui éclaire ma chambre. Je me rends à la fenêtre, sans vitre. J'ouvre le battant à sa pleine grandeur. Est-ce possible ? Le soleil blanc est énorme, émergeant peu à peu des arbres décharnés qui forment le front de la forêt et deviennent une jungle verte au dernier plan de la ligne d'horizon. De ma colline, je peux apercevoir l'immense vallée qui s'étire sur deux kilomètres vers l'est. Comme Noé qui observe son cheptel décimé dans un champ sans herbage, je vois les animaux qui se déplacent au ralenti dans cet univers surréaliste. Le soleil crée une sorte de coloration monochrome un peu argentée qui se répand partout. Un tableau mobile comme je n'en ai jamais vu. Il y a des particules de poussière qui flottent dans l'air, des nuages de sables mouvants qui réfléchissent la lumière et l'amplifient. Le soleil aussi est vivant. Sa couleur se densifie, passant du blanc au rose, puis du rose au corail. Mon premier lever de soleil en Thaïlande s'imprime dans ma tête. Je reste là pendant de belles et uniques minutes d'extase. Pour un peu, je dirais que je viens d'assister à une scène de la création du monde. Je me pince pour voir si je rêve. Non, nous sommes bien le 4 mars 2006 à Kanchanaburi, en Thaïlande.

* * *

Je sais maintenant que le Temple des Tigres compte une vingtaine de moines bouddhistes ; 50 employés dont la plupart sont simplement nourris et logés en échange de leurs services ; 200 animaux domestiques en liberté et une vingtaine de fauves qui sont devenus des attractions très prisées par les touristes du monde entier. De grands reportages à la télé nous ont fait découvrir cette oasis en pleine jungle asiatique où des moines marchent paisiblement avec des tigres en liberté. L'imaginaire des spectateurs n'en demandait pas plus pour présumer que ces tigres-là ont quelque chose de mystique, que le fait de les toucher apporte sans doute la paix intérieure véhiculée à travers le monde par la philosophie bouddhiste. C'est bien connu, le mystère attire comme un aimant ! Mais la réalité a peut-être plusieurs visages…

Je trouve sans trop de peine le sentier qui me permet d'aller du bureau de l'accueil jusqu'au grand complexe monastique, où je passe pour me rendre de l'autre côté et emprunter le sentier menant à l'habitation des femmes. Le guide d'hier n'avait pas le droit de franchir cette zone réservée, même en pleine nuit. Voilà pourquoi il nous a abandonnées aussi rapidement. Tout s'explique.

Les femmes sont rares sur les lieux. Mis à part Margarita, que je n'ai pas encore rencontrée, il n'y a que des hommes qui travaillent ici. Jane, la bénévole, s'en rapporte d'ailleurs à Margarita pour éviter de mettre les moines et les employés dans une situation délicate.

C'est en faisant la route pour aller prendre notre déjeuner que Jane nous a expliqué la position sociale des femmes : les enseignements du Bouddha les classent comme des êtres inférieurs, des sources de tentations qui sont utiles tout au plus en tant que reproductrices. Leurs droits ? Ils ne pèsent pas plus lourd que leurs pensées, croient les moines. Il ne faut pas les regarder, ni les toucher; elles les souilleraient. Les hommes mariés possèdent leur épouse. C'est un choix, une charge de plus qui exigera de chacun de nombreuses expiations, sinon elles empêcheront les hommes de s'élever… spirituellement, on s'entend!

Nos regards, celui de Jane, de Nathalie et le mien, se sont rencontrés, déclenchant de nouveau l'hilarité générale. Jane n'a rien ajouté de verbal aux explications, mais le tintement joyeux de nos rires complices a roulé comme une rivière jusqu'au Temple où les moines méditaient en silence.

Personne ne s'est retourné pour marquer l'entrée de trois femmes dans ce lieu de spiritualité considéré comme sacré. Nous avons enlevé nos chaussures, refermé le sourire de nos lèvres sans maquillage et nous nous sommes préparées à faire un salut devant le père abbé Chan, guettant le moment où il relèverait la tête et déplierait sa colonne vertébrale – signes que tous attendaient pour lui apporter son repas.

Sur une table, au fond de la salle, des plats et des verres avaient été déposés. Il y avait des femmes qui remplissaient les petites urnes de terre cuite en observant une sorte de rituel. Un homme a pris le premier plateau et est allé le porter au maître des lieux en s'inclinant. Le chef spirituel a pris l'urne basse ornée de hiéroglyphes, l'a posée sur un coussinet de caoutchouc pour qu'elle ne se renverse pas, puis il a pris le verre et a commencé à boire et à manger.

Après lui, les moines ont été servis avec des plateaux. Puis les invitées, dont nous faisions partie, et le personnel masculin se sont approchés du buffet pour se servir une portion.

Jane nous a mises au parfum: « Les hommes rêvent tous d'atteindre la perfection, cela se dit *aphrant*. Les femmes n'y ont pas accès. Elles élèvent les garçons dans cette ambiguïté totale qui permet aux fils de regarder leur mère comme quelqu'un d'inférieur. Je ne supporterais pas cela… En Irlande, les mères sont des trésors ; ici, elles sont des instruments. On se sert d'elles, puis on les rejette. »

Quant aux femmes qui étaient autour de la table, j'ai appris qu'elles pourraient se nourrir des restes lorsque tous auront mangé convenablement. Elles attendaient ce moment depuis des heures. Elles m'inspirent une grande pitié, maintenant que je sais ce que les hommes d'ici leur accordent comme importance. Je n'avais pas faim. J'ignorais d'ailleurs ce que contenaient ces plats de viande bouillie, ces soupes bizarres avec des têtes de poissons qui flottaient, ces feuilles remplies de riz aggloméré. Heureusement, il y avait des fruits et de l'eau. Je n'ai pas osé dire à mes deux compagnes à quel point le café me manquait.

Jane m'a conseillé de manger un peu de riz, sinon je serais vite prise de diarrhée. Comme le second repas de la journée ne vient que quatre ou cinq heures plus tard, il faut forcer un peu l'appétit et se nourrir sans trop réfléchir. Elle a une sagesse irréfutable, ayant survécu à sept semaines de ce régime ; son sens de l'humour l'a sans doute aidée…

« Quelle est votre tâche, aujourd'hui, lui a demandé Nathalie à voix basse.

— Dès que nous aurons terminé le repas, je vais vous amener sur les lieux. Mais il vaut mieux ne pas avoir de conversation ici. D'ailleurs, c'est trop inconfortable pour se prêter aux potins… de salon. Ayez un peu de pitié pour mes membres inférieurs ! »

Assises avec les pieds repliés sous les fesses, nous avons essayé de rire sans que personne ne nous remarque. La culture de l'infériorité ne nous a jamais été enseignée. Qu'allons-nous apprendre ? Que cela fait mal, physiquement et moralement ! Nous devons même ne jamais montrer le dessous de nos pieds à personne, car c'est inconvenant. Je prévoyais que le malaise allait s'étendre. J'avais déjà des fourmis dans les jambes. Je me suis dandinée un peu pour que la circulation sanguine reprenne. En tournant la tête, j'ai vu que les fourmis se mouvaient aussi sur le tapis. Il y avait des insectes étranges, sorte de mille-pattes, et des blattes qui déjeunaient en même temps que nous. Je n'ai pas osé les montrer à Nathalie : elle risquait de crier. J'ai plutôt proposé d'aller dehors.

* * *

Jane nous entraîne dans la zone ouest du parc. De grandes structures de béton peintes en gris se dressent entre les rochers striés d'ocre et de rose. Des centaines d'arbres alignés avec précision semblent y avoir été plantés récemment. Leur feuillage fané, tordu par le manque d'humidité, trahit leur difficulté à s'adapter à un sol aride, brûlé sous la chaleur accablante.

« La fondation a procédé à une journée de plantation et tous ces arbres prélevés dans la jungle ont été mis en terre la veille de mon arrivée. Mon travail est de les arroser, de les materner afin qu'ils reprennent vie. Si après deux mois d'attention ils ne peuvent pas s'adapter, on les laissera mourir, car il n'y aura plus personne pour en prendre soin », explique Jane.

Tout en marchant entre les cages, nous nous étonnons de voir que la plupart sont vides.

« Les tigres dociles sont actuellement au canyon, avec les visiteurs. Ils reviendront ici après 15 heures. Le jour, seuls les animaux dangereux restent en cage. Et encore, ce sont ceux qui ne présentent pas trop d'agressivité. Il y en a une poignée qui sont en quarantaine, dans une autre zone, parce qu'ils sont jugés agressifs, menaçants. Comme vous êtes une experte en la matière, sans doute les moines vont-ils bénéficier de vos conseils pour savoir pourquoi certains tigres réagissent ainsi, alors que les autres sont presque devenus des chatons géants.

— Jane, les tigres ne seront jamais des chatons. Ils peuvent être conditionnés, mais leur nature n'en est pas changée pour autant. Selon moi, c'est ça, le problème. Les moines ont oublié la vraie nature des tigres. »

Pendant que j'explique ma pensée à Jane, sans s'en rendre compte, Nathalie a tourné le dos à une cage habitée. Un mâle hargneux s'est approché sans bruit. Il grimpe le long de la clôture comme le ferait un chat de gouttière, sa grosse patte reposant sur la pointe acérée du rebord. Son épais coussinet ne souffre aucunement de cette fausse menace. Il retient son souffle et, sans crier gare, donne un rapide coup de griffes en direction de la victime la plus accessible.

Alors que je suis attentive aux paroles de Jane, je vois Nathalie qui recule subitement de quelques centimètres. Le temps de tourner la tête pour voir ce qui se passe, je constate qu'elle est attirée vers la grille et retenue par les griffes puissantes du tigre. Le coup de patte a été vif: une fraction de seconde a permis au tigre d'agripper le t-shirt et le haut de la salopette en denim de mon assistante. Il la tire vers lui, grognant maintenant de plaisir d'avoir capturé une proie vivante, qui crie et se débat avec une impulsive combativité. Sa réaction stimule l'instinct du tigre, qui est redevenu lui-même, en fait.

Je me précipite sur Nathalie et je tente de la tirer vers moi. Mais la force du tigre est trois fois supérieure à la mienne: « Jane, ton râteau, vite ! » Elle fait quelques pas rapides, attrape son râteau et me le remet. « Viens ici, à ma place… Nathalie ne peut pas se déprendre. Il faut l'aider. » Je m'approche de la clôture et je commence à taper sur les pattes du tigre pour le déstabiliser. Plus je frappe et plus cela l'agace. Il finit par essayer de se débarrasser du râteau et, pour ce faire, il doit lâcher prise. Le manche de bois se brise comme un fétu de paille et le tigre me désarme. Il ne veut qu'une chose: revenir à sa proie. Mais il touche le vide, car Jane a eu le temps de ramener Nathalie hors de sa portée. Furieux, il retombe sur ses pattes, grognant sa déception.

Jane et Nathalie s'écrasent au sol, en état de panique. Je tente de les rassurer: « C'est terminé. Il nous a fait une belle frousse... Montre ton dos, Nathalie. T'a-t-il touchée ? Ton chandail va être à la mode, il a plein de trous savamment tailladés en diagonale pour créer un effet de ventilation. Très estival, ce look. »

Nathalie essaie de sourire et se relève. J'examine son dos. Il y a quatre belles traces rouges qui semblent plutôt superficielles. Le sang qui s'en écoule les fait paraître plus importantes qu'elles le sont, probablement.

« Y a-t-il une infirmerie ? Où peut-on aller désinfecter cette œuvre d'art extrêmement touchante ? »

Jane nous dit qu'il faudra se rendre à l'accueil. Il y a une trousse d'urgence à la portée des visiteurs. C'est à 10 minutes.

« Préférez-vous rester ici et que j'aille la chercher ? Avec de l'eau embouteillée ? propose Jane.

— Peux-tu marcher, Nathalie ? Comment te sens-tu ? »

Elle est blanche comme un linge, mon assistante. Un peu d'ombre lui fera du bien. Et une chaise pour s'asseoir...

« Je vais y aller avec vous deux... Je n'ai pas vraiment envie de rester seule près des cages après ça », ajoute Nathalie.

Prise en sandwich entre Jane et moi, Nathalie met un pas devant l'autre, mais ne peut empêcher ses membres de trembler. L'état de choc peut se traduire par des pleurs, des rires, une difficulté à respirer. Incapable d'analyser l'événement, ses causes ou ses conséquences, elle tente de comprendre ce qui s'est passé. « Comment cela est-il arrivé ? Une seconde et, comme une petite étourdie, je me suis mise en danger ? Quelle imbécile ! »

Elle se sent gênée, humiliée, ridicule. Elle travaille depuis plus de 10 ans auprès des animaux, et la voilà prise en faute. Elle croyait être une bonne assistante et elle a été imprudente. Elle craint que je ne lui fasse plus confiance.

« Tu ne pouvais pas le voir. Il t'a surprise tout autant que nous. Les clôtures de ces enclos ne sont pas assez hautes, et elles devraient avoir un fil électrique au sommet, pour éviter que ces gros chatons ne les escaladent. Tu n'y es pour rien. Le hasard a voulu que tu sois placée à sa portée, mais cela aurait pu arriver à Jane qui est passée tous les jours près de là... S'il avait eu affaire à une personne seule, je pense que les blessures auraient pu être beaucoup plus sérieuses.

— Heureusement que je n'ai jamais pensé à cela... Mais je vois bien que le danger est partout. Dieu merci nous étions ensemble ! » ajoute Jane.

Un homme accourt à notre rencontre. C'est Tom, l'interprète : « Que se passe-t-il ?

— L'assistante de Jacinthe est blessée. Elle a été agrippée par un tigre. Nous devons désinfecter les blessures, peu profondes heureusement. Où pouvons-nous nous installer ? »

Tom observe la jeune femme brune qui est sur le point de s'évanouir. Il sait que des centaines de personnes font la queue à l'accueil. Il sait que la trousse de premiers soins s'y trouve. Mais il craint que l'incident s'ébruite et entache la réputation du Temple. Une panique dans la file d'attente ; 100 entrées de moins au guichet ; un reportage dans le journal ou sur Internet avec la photo de la blessée. La présence de la célèbre éthologue qui vient « enquêter » à la suite de plaintes du public : dérapage médiatique en vue. Il détourne le convoi.

« Je n'ai plus de désinfectant à l'accueil. Il y a une autre trousse, complète, celle-là, dans le Temple. Je vous accompagne, si vous voulez… »

Il n'attend pas notre réponse et nous faisons demi-tour. C'est dans une odeur d'encens, sur le tapis infesté de fourmis, après avoir enlevé nos chaussures, que nous pouvons enfin défaire les bretelles de la salopette de Nathalie, remonter son t-shirt jusqu'à son cou et examiner ses blessures. Le tatouage très original laissé par le vieux tigre est sanguinolent. Quatre lignes parallèles, posées à un pouce d'intervalle, occupent toute la surface de son dos. Elle subit l'épreuve du désinfectant sans se plaindre, mais en grimaçant.

« Te voilà initiée à l'art félin, ma grande ! Tu sais, il y a peu de personnes vivantes qui peuvent se vanter d'avoir vécu une telle émotion. Les cicatrices vont peut-être disparaître…

— Les marques vont guérir, mais ma préoccupation, c'est que tu n'aies plus confiance en moi », me répond une Nathalie tout émue.

Comment pourrais-je trahir l'amitié que j'ai pour elle ! Depuis plusieurs années, nous travaillons ensemble, partageant une passion commune pour les animaux. C'est une perle, mon amie Nathalie.

« Voyons, tu es plutôt une héroïne à mes yeux. J'ai pleinement confiance en toi. Tu as été très brave », dis-je en la prenant dans mes bras.

Tom a quitté les lieux en douce. Ma montre indique 11 heures. La journée sera difficile, je le pressens. Un peu fébrile, Jane se résout à reprendre son travail pendant que je raccompagne Nathalie jusqu'à la maison. Qu'est-ce que je donnerais pour un bon café et deux toasts tartinées de beurre d'arachide !

* * *

Il y a un plan du Temple des Tigres accroché au mur. Je vois la plaine de l'est avec sa frontière d'arbres morts délimitant la zone très dense de la jungle. Les bâtiments sacrés sont au centre du complexe. Côté colline, il y a notre habitation et des hangars un peu plus haut sur l'escarpement. C'est là que le personnel masculin loge. Mais de l'autre côté, je vois des aménagements qui ressemblent à une piste de cirque. Je suis intriguée. Que font-ils donc là ? Du dressage ? De la réclusion ? La curiosité m'emporte.

J'enfile mes sandales, je glisse une bouteille d'eau dans ma ceinture et je referme la porte sans bruit derrière moi pour ne pas réveiller Nathalie. Pourquoi attendre mes guides pendant des heures ? Je n'ai pas de temps à perdre pour me familiariser avec les installations du Temple des Tigres. Rien de tel que d'explorer soi-même. Jane a dit que plusieurs tigres sont agressifs au point de n'être jamais exposés… C'est assez louche ; ça m'attire, l'inconnu.

* * *

Margarita discute avec Tom lorsqu'en compagnie de Nathalie je m'approche du point de rendez-vous de 15 heures. Les jeunes gardiens déambulent à la queue leu leu avec leurs chatons en laisse, leur parlant comme s'ils étaient leurs meilleurs copains. Tom fait quelques pas vers nous, pour nous présenter la responsable du Temple en y mettant un peu d'empathie : « Comment allez-vous, Miss Nathalie ? Avez-vous pu dormir un peu ? Après tant d'émotions…

— Merci, je me sens mieux, en effet», répond Nathalie.

Tom nous entraîne vers sa collègue. Elle nous attend, la main tendue: «Enfin, j'ai le plaisir de faire votre connaissance. J'aurais tellement aimé vous accueillir hier. Après 17 heures, toutes les issues du Temple des Tigres sont fermées, à moins d'un cas d'exception, ce qui est rare.»

Son attitude chaleureuse, son sourire épanoui et son aisance naturelle me font grande impression. Elle mesure un peu plus de 1,50 mètre et est de tempérament nerveux. Seules ses épaules carrées trahissent ses origines russes. Ses cheveux blonds sont coupés à la garçonne et la frange de son front forme une sorte de dégradé un peu rebelle qui met en valeur de magnifiques yeux bleus. Le visage ovale est un peu osseux, mais la peau est ambrée, colorée par les rayons du soleil. Elle tient son chapeau de paille tressée à la main gauche. C'est une sorte de madone qui s'exprime dans un anglais impeccable. Elle carbure au Pepsi et fume cigarette sur cigarette, cette jeune professionnelle de 38 ans, titulaire d'une maîtrise en biologie animale, qui a roulé sa bosse dans plusieurs pays du monde.

«C'est un plaisir de vous connaître enfin, lui dis-je. Les gens de la fondation Care for the Wild International m'ont parlé de vous. Ils estiment que votre présence ici constitue un espoir. J'espère que vous pourrez m'aider à bien analyser la situation.

— Vous êtes la bienvenue. Je vous assure de mon entière collaboration. Tous les jours, de 8 heures à 17 heures, je serai à votre disposition en priorité. Évidemment, le monde idéal n'existe pas, mais je pense que le Temple des Tigres est ce qui s'en approche le plus... C'est ma conviction.

— Mes premiers échanges avec Tom ne vont pas tout à fait dans ce sens, mais nous avons bien le temps de documenter le tout.»

Margarita a visiblement de bons informateurs, puisqu'elle sait que j'ai pénétré dans le territoire privé de dressage sans être accompagnée et que mon assistante a été légèrement blessée lors d'une première sortie côté cages.

« Je suis désolée pour les petits ennuis que vous avez subis. Nos tigres emblématiques n'ont aucune idée de la diplomatie ! Nous verrons à mieux vous escorter, à compter de maintenant. Mais il vous faudra aussi respecter un certain nombre de consignes de sécurité. Les animaux ne font pas la différence entre des visiteurs de marque et un quelconque livreur de matériaux... »

Personne ne relève l'humour de cette boutade. Les sentiments sont encore trop à vif, sans doute.

« Les derniers événements nous rendront plus dociles, croyez-moi, dis-je en souriant. Il n'y a pas de meilleur conditionnement que la peur, n'est-ce pas ? C'est vrai pour les humains qui ont appris à modifier leur environnement pour se protéger. Les animaux n'ont pas ce pouvoir... »

Tom nous laisse discuter, car il doit aller faire le bilan de fermeture de la journée. Il jette un regard entendu à Margarita puis s'éloigne. Celle-ci propose de faire une brève visite de la zone dortoir en notre compagnie.

« Après avoir joué les collaborateurs exceptionnels pendant cinq heures, nos quinze tigres vedettes se font dorloter par leurs gardiens. Nos gros félins sont des artistes qui sont aussi bien traités, sinon mieux, que dans les cirques. »

Nous emboîtons le pas à un jeune gardien thaïlandais qui pèse à peine 50 kilos et mesure à peine plus de 1 mètre : un poids plume ! Il tient en laisse une femelle de 400 kilos dont la paume des pattes remplirait plus de 900 centimètres carrés. Il a l'air d'un enfant avec son t-shirt vert fluo qui se termine par un liséré bleu, reprenant les couleurs du logo du Temple des Tigres.

Son jean est usé par la friction et blanchi par la poussière. La laisse est aussi abîmée : on dirait que le cuir a été mastiqué par le fauve. Je vois les marques de crocs qui l'ont transpercée ici et là.

« Pourquoi sa laisse est-elle en si piètre état ? Vous n'avez rien de plus résistant ? Le cuir, c'est un jouet entre les mâchoires d'un tigre, une friandise. »

Même si le ton que j'utilise est léger, Margarita sent mon regard critique. Elle ne s'attendait pas à affronter mes remarques dès le départ. Je sens que l'immunité diplomatique dont je jouissais depuis mon arrivée vient de tomber. Elle rougit légèrement sous son hâle.

« Je n'avais pas noté ce détail, mais vous avez raison. Les gardiens négligent de garder les laisses hors de portée de leur tigre. Votre sens de l'observation m'étonne...

— Et qu'arriverait-il si le gardien devait retenir l'animal avec cette laisse ? Déjà, le poids du tigre est huit fois supérieur à celui de son gardien. La laisse va céder et adieu le tigre... En avez-vous déjà perdu de cette façon ?

— Dans les faits, le gardien est tellement ami avec son tigre que le scénario ne s'est jamais présenté. Ils travaillent en équipe et les rébellions ne sauraient être tolérées. Le gardien sait que son emploi serait compromis si cela arrivait. Il fait tout pour préserver l'harmonie. »

Dans la zone dortoir, il y a une piscine à moitié remplie d'eau sale. Les gardiens y laissent patauger leurs tigres l'un après l'autre, puis ils rappellent les animaux en leur présentant leur souper, un gros poulet bouilli placé dans la cage. Lorsque le tigre entre pour souper, le gardien fait glisser la barrière et referme le cadenas. Dans un angle de l'enclos, un muret de béton est aussi muni d'une barrière qui roule au sol.

« C'est pour permettre d'isoler l'animal, pour nettoyer les cages au besoin, précise Margarita. Il y a une litière et le tigre y dort généralement. Notre équipe de jeunes apprentis nettoie les cages pendant la journée et étend de la litière propre une fois par semaine. Quelques minutes avant la cloche de 17 heures, les tigres mangent, puis un calme total s'installe ici. C'est un véritable dortoir où on entend nos chatons ronronner jusqu'au lever du jour.

— Ils n'ont pas d'eau dans leur cage ? Ils doivent être déshydratés après une longue exposition au soleil.

— Le matin, nous les laissons boire à satiété. À 9 h 30, ils reçoivent leur repas puis, à 9 h 45, ils descendent dans le canyon pour leur journée. Notre chef spirituel les passe en revue et leur parle. Il marche en leur compagnie et s'arrête pour méditer. Les moines ont un effet apaisant sur les tigres. La couleur safran de leur tunique, leur bonté, leur contact chaleureux font du bien aux animaux. C'est une grâce d'observer cela. Le canyon devient un temple à ciel ouvert. Un grand calme règne dans cette zone en début de journée.

— Il n'y a jamais de coups de gueule, de sautes d'humeur… J'ai lu que plusieurs touristes avaient été traumatisés par certains événements. Est-ce surfait ou réel ?

— Il arrive que des touristes extrêmement nerveux provoquent un changement d'attitude chez l'animal. Il faut dire que les tigres sont attachés. Une chaîne de métal les empêche de sortir de leur zone. Les gardiens sont là pour leur parler. Mais il arrive des incidents déplorables. Rien de très grave : une égratignure, une personne qui sursaute de peur et qui tombe à la renverse, rarement une petite morsure à la main ou à l'avant-bras. Le tigre qui réagirait trop brusquement serait mis en observation et exclus du canyon avec son gardien.

— Vous ne craignez pas l'escalade, la panique, lorsque 50 visiteurs sont témoins d'une scène ? Il pourrait y avoir un mouvement collectif qui réveille l'instinct des animaux.

— Cela ne s'est jamais produit, à ma connaissance. »

Lorsque la tournée se termine, il est 16 h 30. Margarita propose de nous raccompagner à l'habitation. Pour ce soir, elle a commandé un panier avec quelques spécialités typiquement locales.

« J'habite à trois kilomètres du Temple, avec mon mari, Tinmom. Je pars à mobylette à 17 heures et je reviens le matin à 8 heures pour faire ma journée. Je fais sept jours sur sept, sauf pendant la mousson. Je prends alors un mois de vacances pour aller rendre visite à ma famille à Moscou.

— Depuis combien de temps êtes-vous directrice ici ?

— En fait, j'agis comme directrice, mais je n'en ai pas le titre. Je suis conseillère du père abbé pour ce qui touche les animaux et les activités touristiques. Je m'en remets à son autorité et à celle des dirigeants de la fondation pour tout. Il n'y a pas de relation de pouvoir ou de hiérarchie entre nous. Dans sa grande sagesse, Bouddha dicte ses vœux et tous se guident sur ses enseignements pour agir. Évidemment, j'ai mis cinq ans à assimiler tout cela. Mon père gérait un cirque ambulant et j'ai grandi entourée d'animaux et d'humains spectaculaires. J'apprécie cette ambiance mixte et interdépendante. J'aime tellement le Temple des Tigres que j'ai tout abandonné pour m'y consacrer corps et âme en 1999.

— C'est une vocation admirable. Je vous envie de passer tout votre temps en compagnie des animaux. »

Alors que nous nous approchons de la colline, Margarita regarde sa montre, désolée de devoir nous quitter aussi précipitamment.

« Je vous fais envoyer votre lunch et je me sauve. Demain, nous parlerons davantage de votre mission et des besoins que nous avons en regard de vos compétences. Votre venue chez nous sera très utile. Avec les connaissances que vous avez, votre présence est une véritable bénédiction. »

Nous la regardons s'éloigner en courant. À peine cinq minutes après avoir franchi le seuil de notre maison, la clochette retentit. Il semble que notre journée de travail s'achève ainsi. Une impression bizarre me tenaille. Quelle attitude serait la bonne ? Si j'aborde les choses de front, avec autorité, les portes vont se refermer ; si j'attends, les explications ne viendront peut-être jamais. J'hésite à faire confiance, car on peut me dire n'importe quoi, en espérant que je ne verrai pas la réalité en si peu de temps. Cela demande réflexion. Jane est déjà rentrée ; elle a encore les cheveux mouillés après avoir pris sa douche. Elle est assise sur un coussin du salon et, le dos appuyé au mur, elle fait de la lecture en profitant de l'éclairage naturel qui baisse peu à peu. Un peu maladroitement, nous nous assoyons à l'indienne, les jambes repliées en avant.

« Les tigres sont allés dormir ? demande Jane en souriant, laissant retomber son livre. C'est une drôle de vie, que la leur, qu'en pensez-vous ?

— Ce que j'en ai vu aujourd'hui est assez bouleversant. Ils sont utilisés, ça c'est certain. Ils ont une existence qui peut sembler enviable, mais c'est totalement dénaturé. Quand les moines sont en contrôle, la déviation ne paraît pas. Mais ce que nous avons vu aujourd'hui, c'est que l'instinct de prédation refait surface au moment le plus inattendu. Depuis que vous êtes là, est-ce qu'il y a eu des problèmes ? »

Jane n'a rien noté de spécial : « J'ai marché un peu partout, mais toute seule, je n'ai pas osé risquer de me perdre. Avec Margarita, nous avons fait quelques randonnées et j'ai pu descendre plusieurs fois dans le canyon. Une fois, il y a eu des éclats de voix. Un touriste semblait fâché, mais je ne sais pas pourquoi. »

La préoccupation de Nathalie est tout autre. Les horaires imposés la déstabilisent beaucoup. « Est-ce que j'ai bien compris le message ? Nous ne pouvons pas sortir d'ici entre 17 heures le soir et 8 heures le matin ? Pas même pour marcher dehors, jouer au ballon ou faire un pique-nique sur les rochers ? »

Jane éclate de rire. Moi aussi. C'est invraisemblable. Je n'arrive pas encore à le croire. La vie s'arrête à la fermeture parce que nous vivons dans le zoo ! Pas question de rentrer à la maison après les heures de travail. Nous sommes cloîtrées.

« Les gens ne mangent que deux fois par jour, explique-t-elle : au déjeuner de 8 heures et au dîner de 13 heures. Oubliez les collations et les petits soupers à la chandelle. Heureusement que, de temps à autre, j'ai pu me rendre au hameau le plus proche, on dit un *ban* en thaï. Il y a un *guest house* avec un dépanneur qui nous fait un accueil incroyable. C'est à quelques kilomètres le long de la route qui mène à la ville.

— Et c'est tout ? demande Nathalie. Le temps va nous paraître bien long. Sais-tu si on peut au moins brancher un ordinateur ici ? Y a-t-il un accès Internet quelque part ?

— Tom pourra vous donner accès à son ordinateur, qui est à l'accueil, pour transmettre vos messages personnels. Vous les écrivez sur votre ordi et vous apportez le CD à son bureau pour faire les envois. »

Nathalie va à la chambre prendre l'ordinateur et quelques CD. Comme il n'y a pas de table, elle l'installe au sol, à proximité de la seule prise électrique murale. Sans réfléchir aux conséquences possibles de son geste, elle branche l'ordinateur et le met en marche. Le transformateur réagit en deux secondes : il grille littéralement sous nos yeux.

« Merde ! Merde ! Merde ! J'ai tous mes cours, des mois de travail, les consignes de Care for the Wild International et mes dossiers personnels là-dedans. Fini ! Dites-moi que je rêve ? »

Nathalie est bouleversée. Elle se sent coupable. Elle n'a pas pensé une seconde que l'alimentation électrique n'était pas compatible.

«Tu ne pouvais pas savoir... Je ne le savais pas, moi non plus. J'aurais fait la même gaffe.

— Nous voilà toutes revenues à la préhistoire», dit Jane.

Voyant que je me désespère de rester ainsi, à ne rien faire, Nathalie va chercher un bloc-notes et deux crayons.

«Voilà tout ce qui nous reste pour passer le temps... Et j'ai une de ces faims. Mon estomac va s'autodigérer si je ne mange pas quelque chose...»

Peut-être que Margarita nous a fait porter notre souper. Nous nous levons d'un bond, toutes trois mues par la curiosité autant que par la faim. Qui saisira la poignée de la porte en premier? C'est Jane qui y arrive. Au pied de l'escalier, un panier d'osier recouvert d'une nappe à carreaux a été déposé. Nous courons vers ce merveilleux cadeau du ciel avec un tel plaisir appréhendé que nous ressemblons à des gamines dans un supermarché.

Nathalie prend le panier et s'assoit. Je prends la marche du haut et Jane celle du bas. Elle saisit le tissu avec précaution pour en explorer le contenu.

En plus de savoureuses nouilles au bœuf, il y a des fourchettes et des cuillères de plastique, des baguettes de bois, des serviettes de papier et, tout au fond, trois bouteilles de bière Tiger bien fraîche. Nous oublions toutes nos mésaventures et dégustons, sans un mot, ce que la Thaïlande nous offre de meilleur. La leçon sur le renoncement?

«C'est simplement remis à demain», conclut Jane en riant de nous voir dévorer notre repas.

Attirés par l'odeur de nourriture, deux petits chatons s'approchent. Ce sont de magnifiques siamois dont la queue a été coupée. Ils tournent autour de nous, quémandant notre pitié. Nous leur donnons quelques miettes et ils nous adoptent. « Il y en a partout ici », dit Jane.

Évidemment, en Amérique, les siamois sont exotiques, réputés pour leur minois et leur attitude très zen. Ici, ce sont des chats de gouttière, infestés de puces et laissés à eux-mêmes.

« On va s'amuser un peu… Avec mon clicker et un peu de bouffe, on va leur montrer à se tenir sur deux pattes, à tourner et à rouler une balle. Ce sera notre divertissement de ce soir. »

Jane observe et retient les mille et une questions qui lui viennent : « Qu'est-ce que c'est que cette technique ? Une baguette magique ? »

J'oublie mes lamentations dès que je suis en contact avec des animaux. Alors, retrouvant une provision de patience sans limite, je travaille mes deux nouveaux amis chatons. Et Jane écoute mon histoire : comment je suis tombée un jour sur la clé du conditionnement positif qui a changé ma vie.

* * *

Je n'avais pas encore 30 ans lorsque j'ai découvert cet instrument que je qualifierais de révolutionnaire – dans le meilleur sens du terme. J'étais à la croisée des chemins, après avoir terminé ma formation cynoprofessionnelle à Saint-Hyacinthe. Je me retrouvais stimulée par tout ce que j'avais appris et, dans un sens, encore tellement ignorante. J'avais pris conscience qu'il me manquait des connaissances et surtout des apprentissages concrets si je voulais devenir une entraîneure et une spécialiste en comportement animal. Le beau cliché selon lequel plus on apprend et plus on mesure l'étendue de son ignorance avait trouvé un écho en moi, à ce point précis de ma vie.

J'avais lu à cette époque certains livres fascinants qui me laissaient entrevoir toutes les richesses de ma future spécialité. Je devenais sans le savoir une inconditionnelle de psychologie animale et ma fenêtre sur la connaissance des comportements interespèces m'amenait même à voir l'humain d'un autre œil. Mon tempérament bouillant s'emportait contre les vieilles méthodes de dominance des chiens: « Ça n'a pas de sens de laisser faire cela: c'était peut-être admissible – et encore, pendant les années de guerre 39-45 –, mais le monde a évolué... Il y a mieux et il faut renverser ces pratiques dépassées, les remplacer par une relation plus respectueuse. Les entraîneurs dans les zoos ont des connaissances, mais ils ne les communiquent pas. Comment se fait-il qu'un dauphin accepte de faire un triple saut pour avoir un poisson en récompense, tandis que des centaines d'entraîneurs continuent à faire avancer leurs chiens en les étranglant avec une laisse ? »

J'ai tout d'abord décidé de me rendre en Ontario pour voir comment les dauphins obéissaient à ce nouvel instrument qu'on appelle « clicker ».

La première formation que j'ai eu la chance de recevoir m'a donné l'impression qu'un nouveau monde s'ouvrait à moi. Mon instructrice d'alors, une pionnière en entraînement animal, avait décidé de partager avec quelques initiés seulement sa technique du clicker. Elle avait démontré que cette technique faisait des merveilles chez les dauphins, puis que les animaux domestiques y répondaient tout aussi bien lorsqu'on l'appliquait en respectant leurs traits caractéristiques respectifs. Au simple son d'un clic, elle a fait faire des pas de géant aux entraîneurs.

Je n'en dormais pas la nuit tellement j'étais obsédée par cette nouvelle approche. J'ai passé plusieurs jours dans une piscine, aux côtés de la spécialiste, à pratiquer mes premiers clics. Lorsque le dauphin s'est docilement élevé sur l'eau, a fait ses trois pirouettes puis a plongé dans l'anneau, je lui ai donné un poisson d'une main toute tremblante. J'étais tellement émue, heureuse et stupéfaite d'avoir réussi ce tour spectaculaire !

De retour à la maison avec ma baguette magique, je me suis aussitôt mise à entraîner mon chien étape par étape : s'il avançait, je le cliquais ; s'il restait assis, je le cliquais ; s'il allait chercher mes clés, s'il m'apportait le journal, etc. Il se montrait docile et stimulé ; c'était comme si j'avais soudainement eu la capacité de comprendre ce qui lui faisait plaisir, ce qui le faisait fonctionner.

Je m'exerçais avec mon cheval et c'était pareil : il se laissait manipuler sans bouger et venait quand je l'appelais. Même la poule, qui avait la réputation d'être peu douée, apprenait à faire rouler un petit baril, à exécuter une danse au son de la musique et à battre des ailes pour quelques graines qui venaient récompenser ses bonnes actions.

Je passais mon temps à dire : « Wow ! Ça marche ! » Je venais de découvrir un outil universel qui me permettait de travailler à l'infini. J'étais la première Québécoise à connaître cette technique et à l'appliquer. J'avais trouvé auprès de la chercheure ce qui allait devenir mon instrument de travail privilégié, en parfaite concordance avec ma formation en psychologie. Humains et animaux avaient en commun un préalable fondamental : la motivation à faire quelque chose – un moteur qui déclenche la réaction du cerveau et guide l'accomplissement des gestes. Nous étions liés par le clicker pour le reste de notre vie, passionnément interactifs.

J'aurais pu m'arrêter de chercher, puisque j'avais la clé d'une magnifique carrière d'entraîneure. Mais il me paraissait impossible de freiner mon élan, de m'en tenir qu'à une seule chose. L'évolution de ma pensée à ce moment-là s'était cristallisée sur une autre étape. L'expérience d'apprendre, telle que je venais de la vivre avec le clicker, pouvait se répéter. Je me disais que le monde fourmille de personnes supercompétentes, de scientifiques réputés qui ont acquis des connaissances, des outils et des expériences sur le terrain, chacun dans leur univers. Je me demandais comment accéder à cette encyclopédie vivante. Je voulais aller vers eux, devenir comme eux. La mondialisation des connaissances s'était imposée à moi peu de temps après mon retour de Toronto. Mon désir d'y accéder ne s'est heureusement jamais tari !

* * *

Le deuxième jour de ma mission au Temple des Tigres s'annonçait un peu plus rassurant. Déjà, en nous rendant au déjeuner, Nathalie, Jane et moi avions établi une belle complicité. Une fois le repas terminé, nous avons pris le temps de suivre l'horaire des moines. Après avoir vidé leur bol de terre cuite, ils se prosternent et récitent en langue palie un mantra dont les intonations varient sur deux notes :

> Puissent tous les êtres
> Se sentir heureux,
> Sur le plan physique et mental ;
> Être à l'abri des souffrances et des calamités,
> Sans éprouver ni hostilité ni détresse,
> Et être préservés de l'affliction.

Ils sortent ensuite respirer l'air frais du matin. Le père abbé est le premier à descendre dans le canyon pour aller marcher avec les tigres en liberté. Le sentier rocailleux qui serpente entre les buissons est très animé. La rencontre des moines et des tigres se fait lentement. Un à un, les jeunes gardiens accompagnent leur tigre en laisse, une fois le déjeuner et la ration d'eau consommés. Tous se rendent dans ce vaste espace qui ressemble à un plateau de cinéma, avec son va-et-vient qui précède le tournage: 15 minutes, puis le clap commande l'action. Les touristes vont affluer. Dans ce creux entouré de hautes collines, les tigres déambulent librement. Le père abbé s'est installé sur un petit rocher et caresse ses tigres en leur parlant. D'autres moines marchent lentement parmi les tigres. La scène est surréaliste; au cinéma, il y aurait des cordes invisibles, des trucages et des cordons de sécurité que le spectateur ne verrait pas à l'écran. Ici, rien. Les moines jouent avec les tigres sous le regard calme des petits gardiens. Chacun veille sur son tigre mais reste à distance, la laisse de cuir attachée autour de la taille.

Chaque tigre a une place bien à lui. Il y a donc un rituel spécifique. À l'heure prévue, le tigre est amené à sa place habituelle et s'y assoit. Son emplacement est muni d'une chaîne fixée aux rochers. Ses mouvements semblent libres, mais le fauve ne peut plus aller très loin à partir du moment où il est attaché là. Sous l'effet de la chaleur, certains tigres ferment les yeux et se laissent aller à une sieste. Quelques-uns restent actifs et bâillent, sous l'œil et les caresses de leur gardien attitré.

Juste avant que le cirque se mette en route, ce matin-là, le dernier des tigres à descendre au canyon est de mauvais poil. Il grogne et cherche à sortir de la route. Son gardien tire sur la laisse de cuir, et le tigre bondit entre les ronces, entraînant le jeune dans sa course folle. Le garçon s'accroche à l'animal, mais, ne pouvant l'arrêter, il dévale la pente comme un mannequin. Tout le monde est témoin de l'événement, mais personne ne souffle mot. Une fois arrivé en bas, l'animal se calme. Le père abbé s'en approche prudemment, il passe sa main sur son dos et lui parle. Il lève ensuite la tête et cherche du regard un surveillant, qui vient chercher l'animal. Il lui passe une chaîne de métal et le frappe avec un bâton pour le faire marcher vers un sentier, suivi du jeune gardien blessé.

La chaleur intense rend soudainement l'air suffocant. Sur la crête rocheuse qui surplombe le canyon, Nathalie et moi avons vu la scène... Si seulement il y avait eu une caméra pour tourner ce plan ! J'aurais pu en visionner chaque étape. Pourquoi le tigre a-t-il refusé de respecter sa routine habituelle ? Y avait-il quelque chose dans les buissons, un animal qui aurait éveillé son instinct de prédation ? C'est une hypothèse qu'il faut considérer.

Nathalie écrit les informations que je lui dicte, avec la date et l'heure des événements. Lorsqu'elle a terminé, elle m'interroge :

« Ils ont été renvoyés, n'est-ce pas ? Mais pourquoi ? Je ne comprends pas... Le tigre était-il dangereux pour les touristes ?

— Nous allons demander à Margarita de nous fournir une explication. Le moine ne s'est pas préoccupé des blessures du garçon. Il était irrité et l'a chassé sans écouter ses explications. Le jeune homme semblait pleurer, protester. Il avait l'air de le supplier. Mais il s'est finalement plié aux ordres au moment où justement les premiers visiteurs arrivaient. Je me demande bien où il est en ce moment, ce pauvre gardien. Est-ce qu'il a eu droit à des soins ? Si on essayait de le trouver... Qu'en penses-tu ?

— Il est parti de ce côté, par la petite piste qui contourne la montagne. Mais on ne pourra pas lui parler directement… Il faudrait être accompagnées de notre interprète.

— As-tu ta mini-enregistreuse ? Nous allons la prendre et sa déclaration sera traduite devant témoin, si nécessaire. Allons-y ! »

Après un coup d'œil à la carte du site, nous repérons la route à suivre pour passer derrière la colline. Une bouteille d'eau et de bonnes chaussures devraient suffire pour l'expédition. Nous avons peu de temps avant la rencontre avec Margarita et Tom.

Les arbrisseaux nous lézardent un peu les mollets, mais nous sommes trop pressées pour nous y attarder. Une dizaine de minutes suffisent pour apercevoir, en contrefort des rochers, une zone avec quelques cabanes de tôle, des abreuvoirs de béton, des amas d'herbes sèches. Il y a des cages de métal un peu plus grosses que celles qu'on utilise dans les chenils. Deux d'entre elles sont occupées par des tigres. La dernière est vide. Le jeune gardien est assis par terre, devant la cage du centre, la tête entre les mains. Un homme s'approche et lui crie quelque chose en gesticulant. Le garçon ne bouge pas. L'homme le prend par le bras et le repousse. Il semble lui dire de partir. Le jeune se rapproche de la cage, mettant sa main sur le loquet de sécurité.

« Mon Dieu ! Il menace d'ouvrir la porte ou quoi ? Il sait que le tigre est agressif… Il refuse de quitter son tigre. On dirait qu'il préfère mourir… »

Malheureusement, nous sommes trop loin pour entendre la conversation. En ayant soin de ne pas faire de bruit, nous avançons jusqu'à une centaine de mètres du plateau où l'action se corse. Le jeune a les jambes en sang et il en tend une en direction du tigre. De quoi l'affoler, le faire bondir…

« Le tigre va l'attaquer. C'est insensé. On devrait intervenir avant qu'il ne soit amputé sous nos yeux.

— Tu as raison, sa vie est peut-être en danger… Allons-y ! Démarre ton magnéto au cas où l'homme nous adresserait la parole. Nous ferons traduire ses propos ensuite. »

Le cœur battant, le souffle court, nous sortons de notre cachette et nous nous approchons du jeune garçon. Il doit avoir 14 ou 15 ans tout au plus. Il est effrayé et ses larmes coulent. Je m'approche de lui et je tente de l'éloigner un peu de la cage. Un pas, puis deux. Je lui parle en anglais, un peu comme une maman qui voit son bébé en pleurs. Même s'il ne comprend pas les mots, l'intonation de ma voix devrait l'apaiser.

« Tu dois avoir mal… Viens, je vais regarder tes blessures. Ne reste pas trop près de ton tigre, car il a peur, lui aussi. Fais-moi confiance ; ne crains rien. »

L'homme qui voulait chasser le gamin se pointe sur notre gauche et nous lance quelques phrases incompréhensibles. Il pointe du doigt la cage du tigre et demande au garçon de partir. Le jeune fait signe que non. Nous comprenons qu'il ne veut pas être séparé de son animal. Mais peut-être est-ce une autre raison qui le retient ici ? Le tigre se met à grogner et à malmener sa cage de fortune. Visiblement, les lieux ne le retiendront pas prisonnier très longtemps. Mais l'homme ne semble pas voir cette défaillance. Menaçant, il s'en prend au garçon.

Comme Nathalie et moi demeurons avec le jeune blessé, l'homme retourne sous le toit de la cabane et revient avec un bâton. Ses propos sentent la colère. Le garçon le supplie. J'interviens. Je montre au chef que le garçon est blessé, je fais signe qu'il faut laver et désinfecter ses blessures. L'homme me regarde un moment, droit dans les yeux. Je peux lire son mépris en dépit de la barrière des langues. Il nous fait signe de partir et que tout cela n'est pas de nos affaires.

Je défais le mouchoir qui retient mes cheveux et j'entraîne le jeune vers un baril d'eau. Je me penche et je nettoie ses jambes. Le gardien se laisse faire. Je rince puis j'essuie. À l'un de ses genoux, il a une blessure plus profonde qui saigne abondamment. Pour arrêter le sang, je fais un bandage serré et je noue mon foulard solidement derrière son genou. Sa maigreur fait peine à voir, il n'a que la peau sur les os. L'homme ne cesse de vociférer pendant toute l'opération.

Je reviens vers Nathalie en tenant le jeune par le bras. Je lui fais signe que je l'emmène avec nous, là-haut. Je vois la peur dans ses yeux. Le blessé me montre son tigre et touche son oreille. Que veut-il me dire ?

Je choisis de le suivre : il me fait approcher de la cage où le tigre en furie se démène et me montre le côté de sa tête. Le vieux mâle a une oreille pleine de pus et l'infection lui fait visiblement très mal. L'enflure gagne toute la zone derrière l'oreille, jusqu'au cou, en fait. On peut imaginer qu'à chaque fois que le gardien tire sur la laisse ou qu'une personne le touche à cet endroit, le contact déclenche une douleur insoutenable. C'est ce qui explique sa désobéissance de ce matin… Le garçon essaie de nous en expliquer les causes alors que tous le condamnent, lui. Il va perdre son travail pour quelque chose qui n'est pas de sa faute, pas plus que celle de l'animal, d'ailleurs.

Je regarde Nathalie. Je dois d'abord protéger ce pauvre gardien, puis, ensuite, m'assurer que l'animal reçoit les soins appropriés. Par conséquent, nous allons emmener le garçon à notre réunion. Nous faisons quelques pas en direction de la piste, en l'entraînant avec nous, mais l'homme devine nos intentions ; il est furieux. Nous le laissons à sa colère. Le tigre semble lui répondre, comme dans un étrange dialogue sonore.

Lorsque nous arrivons au sommet, nous jetons un coup d'œil derrière nous. L'homme s'est approché de la cage trop étroite. Le tigre malade s'est couché sur le côté et il râle sa douleur. Après quelques minutes, il s'arrête de gémir. Est-il en train de mourir ? Le garçon nous échappe et redescend, sans doute pour tenter de le sauver. Lorsque l'homme l'aperçoit, il y a une flamme dans ses yeux. Il se met en travers de sa route. Il veut l'empêcher de s'approcher du tigre malade. Une seconde passe où le regard du jeune gardien est rivé à celui de l'homme d'âge mûr. Ce jeune garçon peut-il envisager de vivre sans son meilleur ami ? Cet ami était aussi son gagne-pain. Que deviendra-t-il sans lui ? L'oreille du tigre saigne abondamment maintenant. Dire qu'il n'y a aucun vétérinaire ici pour tenter de le soigner ! Cette impuissance me serre le cœur. Le drame qui se vit devant nous est cruel et tellement inutile. Tout cela pour une infection non traitée, pour une négligence qui serait impardonnable dans notre culture…

Alors que la tension nous paralyse, une voix retentit derrière nous. C'est Tom qui nous appelle en criant à tue-tête. Sait-il ce qui se passe ici ? Est-il là par hasard ? Que faire maintenant ? Le tigre va-t-il mourir ? Si c'est la conclusion de ce manque de soins, je ne donne pas cher de la vie du jeune gardien, compte tenu de la scène à laquelle je viens d'assister. Que vaut donc une vie, ici ? Je sens une immense révolte m'envahir, me nouer le ventre. Dire qu'une simple dose d'antibiotique pourrait mettre fin à ce drame…

En voyant le jeune gardien prêt à mourir plutôt que de se séparer de son meilleur ami, mes souvenirs m'ont ramenée loin en arrière, bien avant que je devienne entraîneure. Je revis les émotions qui remontent à ma mémoire. Je vois défiler mentalement les gestes sans espoir, la peine immense, irrationnelle et le vide que l'on ressent à la mort de l'animal qu'on aime.

Mon premier deuil portait le nom de mon chien Brena. J'avais 13 ans et « toute la vie devant moi », comme disait ma mère.

* * *

« Je suis la dernière, tous mes frères et sœurs sont partis, si j'avais un chien, je m'en occuperais parfaitement. Je veux avoir un chien qui m'appartient ! » Je me revois, suppliant ma mère et argumentant auprès de mon père. Finalement, ils acceptent et j'entre dans une phase euphorique. Pendant des mois, mon père, Tonio, et moi ferons ensemble le tour de tous les chenils afin de choisir la race idéale, puis le spécimen qui sera responsable de mon bonheur. Je choisis un dalmatien femelle que j'appelle Brena. Je commence à l'entraîner à parader, à obéir puis à marcher sur une poutre de bois. Je n'ai pas de formation et j'arrive à lui montrer une foule de petits trucs. La curiosité des gens aidant, je commence à donner des petits spectacles en public. Je suis heureuse, tellement heureuse de faire équipe avec ma belle et fière dalmatienne. Elle saute dans un cerceau avec une telle élégance ! Mais voilà, un certain soir, ce que je lui ai appris causera sa perte. Elle saute la clôture et se fait écraser par une voiture à quelques pas de la maison. Sa mort m'a fait vivre un choc terrible.

J'ai pleuré toutes les larmes de mon corps. Brena était plus qu'une amie pour moi, tellement je m'étais attachée à elle. Sans le savoir, c'est elle qui m'a permis de devenir adulte, de me responsabiliser, de définir ma personnalité. Toute la famille tentait de me réconforter. Ma Brena me semblait irremplaçable et j'ai fait mon deuil avec le cœur gros. Ma meilleure amie, Luce, a partagé mon chagrin. Finies, les promenades ! À l'âge où les autres jeunes filles voulaient attirer le regard des garçons, mon cœur était brisé par la mort de ma belle Brena. Cet attachement, dont on guérit avec le temps, nous marque néanmoins pour la vie. J'en ai gardé un amour inconditionnel pour les chiens et, au fil de mes expériences, cet amour s'est étendu à toutes les espèces animales. Ma vocation s'est enracinée à ce moment-là...

* * *

J'ai souvent essayé de comprendre ce phénomène d'attachement qui lie un humain et un animal. Le besoin de reconnaissance est parfois ce qui incite une personne à avoir un animal de compagnie. Cet animal qui dépendra de lui, qui le valorisera en tant que responsable d'un autre être vivant, lui apporte une satisfaction profonde. Les sentiments que l'humain projette sur son animal sont souvent faits d'affection, de fierté et de désir de contrôler ou encore de contrer l'ennui dû à une trop grande solitude.

Dans notre culture occidentale, un chien est un bien de consommation pour qui on ressent très souvent un coup de cœur, dès les premières minutes de la mise en contact. Dans le contexte thaïlandais, mon jeune gardien a été associé à un tigre, et les habitudes ont façonné la relation d'interdépendance. Le tigre est devenu son ami, son gagne-pain et sa raison de vivre ou... de mourir. Dans une telle situation, la notion d'attachement prend une tout autre dimension.

CHAPITRE 2

Le contact

La voix de Tom me parvient, impérative. Je prends le bras de Nathalie. Nous nous dirigeons vers lui en tentant de cacher nos émotions. Je veux d'abord savoir ce qu'il a à dire.

« Je vous cherchais. Tout va bien ? Il ne faut pas trop s'éloigner des zones sécuritaires, je vous l'ai dit. Si un animal s'était échappé… Et la réunion ?

— Excuse-nous, je pense que nous avons pris le mauvais sentier. Nous te suivons. »

À peine avons-nous avancé de quelques pas qu'un bruit insolite nous fait sursauter. Je demande de quoi il s'agit. Tom jette un coup d'œil en direction du sentier qui mène à la zone de stockage. Est-ce une cabane qui s'est effondrée ? Une cage renversée ? Le gardien a-t-il besoin d'aide ?

« Le mieux serait d'aller voir, dit-il en voyant notre curiosité manifeste. Puisque nous sommes tout près. »

Je cherche du regard le jeune gardien : il n'est plus là. La cage du centre, celle où le tigre malade était enfermé, n'est plus là. Il y a des rainures fraîches sur le sol. L'homme qui menaçait le jeune blessé est en train de passer le râteau pour effacer les traces. Tom prend son walkie-talkie et lui parle, prononçant quelques mots inaudibles, puis il s'adresse à nous :

« Ce n'est rien. Une cage s'est renversée. Pas de quoi fouetter un chat, comme on dit en Australie ! »

Je regarde Nathalie. Que s'est-il donc passé ? La laisse du tigre malade pend sur la clôture, sectionnée. L'animal et la cage ont été dissimulés. Seuls les enregistrements pourront prouver ce que nous avons réellement vu. Nous étions au mauvais endroit au bon moment. Je me demande si d'autres incidents du genre sont fréquents. Évidemment, les touristes ne voient rien de tout cela. Pour eux, le drame inhumain, c'est la chaîne autour du cou du tigre, la chaleur suffocante, la nourriture bouillie, l'asservissement. L'envers du décor, voilà ce que je suis appelée à découvrir. Je viens d'en avoir un bref aperçu. Quelle désolation ! Le tigre est malade depuis des jours et personne ne l'a soigné. Le jeune garçon est aussi victime de cette absence de soins. Que deviendra-t-il maintenant ?

Je presse le pas en regardant ma montre, suivant Tom qui garde le silence. Il est 10 h 30 lorsque nous arrivons à l'accueil, où Margarita nous attend. Il fait très chaud dans la petite salle de réunion. Heureusement, elle a prévu de l'eau. Nathalie est mal à l'aise. Elle sort un carnet pour prendre des notes. Le clic de son stylo m'énerve. Je dois trouver la meilleure façon d'aborder le sujet…

Margarita semble aussi un peu nerveuse. Est-ce à cause du retard ?

« Nous avons accepté avec empressement que vous veniez faire une mission d'examen, commence-t-elle, car nous estimons que votre présence ici sera une source d'enrichissement pour nous. Notre mission n'est pas bien comprise par les visiteurs, pour qui notre culture est et demeure méconnue. Vous pourrez nous aider à modifier cette perception fausse en adressant des recommandations que nous essaierons d'appliquer, dans la limite de nos moyens, bien sûr. Nous avons réellement besoin de vous. »

La sincérité de la directrice s'entend. J'approuve son ouverture d'esprit. Ce que je redoute, c'est de devenir un instrument, de servir de justification et de n'avoir aucun pouvoir réel. Jusqu'où me permettra-t-on d'aller ?

« Mon mandat est clair. Je dois faire rapport de ce que j'observe ici. Ma priorité, je vous le répète, c'est le bien-être des animaux. Mon inquiétude, c'est que mes observations ne servent à rien. Si je veux diagnostiquer de façon juste, je dois voir, savoir et comprendre. Êtes-vous disposés à me laisser agir ? À écouter mes propositions ? »

Tom semble réticent. Il refuse de me donner carte blanche. Il me regarde avec insistance. Veut-il simplement désamorcer la tension de nos échanges d'hier ?

« Il faut parfois se méfier de ce que l'on voit. Votre culture et la nôtre ne posent pas les problèmes de la même façon. Ici, nous recueillons des tigres et d'autres animaux malades au nom de nos convictions bouddhistes. Le Temple des Tigres est un lieu de protection. Les tigres vivent en harmonie avec les moines et les autres humains, tous ayant les mêmes droits.

— Je demande un accès à toutes vos fiches et un examen de chaque animal avec son pedigree. Je pourrai ainsi faire mon travail. Je vous ferai part de mes commentaires le plus directement possible, au risque de vous déplaire. Je veux aussi préciser un point important : l'état de santé d'un animal peut être relativement bon et les mesures d'hygiène rudimentaires, mais si l'animal n'est pas stimulé, si ses conditions de vie sont malsaines, si ses besoins ne sont pas respectés, je serai claire.

— Nous sommes heureux de vous voir si motivée à passer du rôle de visiteuse à celui de professionnelle, dit Tom. Margarita a justement apporté le fichier descriptif de nos pensionnaires. »

Je suis un peu étonnée de son enthousiasme soudain. Je ne peux oublier que, parmi ces fiches, il y a celle d'un tigre dont l'état de santé est plus que précaire. Un grand mâle qui figurait parmi les spécimens très dociles jusqu'à ce qu'une infection à l'oreille change sa vie.

« Justement, ce matin, mon assistante et moi avons été témoins d'un incident. Un jeune gardien a été entraîné dans la colline et son tigre a ensuite été chassé du canyon. Je veux voir le dossier de cet animal pour un suivi immédiat.

— De quel tigre s'agit-il ? demande Margarita en s'adressant à Tom. Aucun incident ne nous a été rapporté ce matin... Nous allons faire enquête et vous remettre cette fiche demain. Si évidemment il y a matière à...

— Ma demande est prioritaire. Je voudrais examiner le tigre qui a été chassé du canyon ce matin à 10 heures et, si possible, rencontrer son jeune gardien. »

Margarita semble étonnée de mon insistance. Tom cherche une échappatoire. Ils ne peuvent pas agir pendant que les touristes sont là. Il me demande de patienter jusqu'à 16 heures. Ai-je le choix ?

« D'ici là, vous pouvez prendre connaissance des dossiers. Voyez : pour chaque animal qui a été donné au Temple des Tigres, nous avons la date de l'arrivée, l'âge approximatif, l'état général et le nom du gardien qui le prend en charge. Les jeunes gardiens se sont réfugiés ici pour ne pas mourir de faim, la plupart du temps. Nous leur enseignons à nettoyer les cages et à faire des travaux, puis, s'ils sont doués et responsables, nous leur confions un tigre. Le Temple a aussi des

Les tigreaux sont nourris au biberon jusqu'à l'âge de six mois environ. Je profite de cet instant de calme pour les désensibiliser aux manipulations humaines.

Les tigreaux de quatre mois ont toujours envie de s'amuser ensemble.

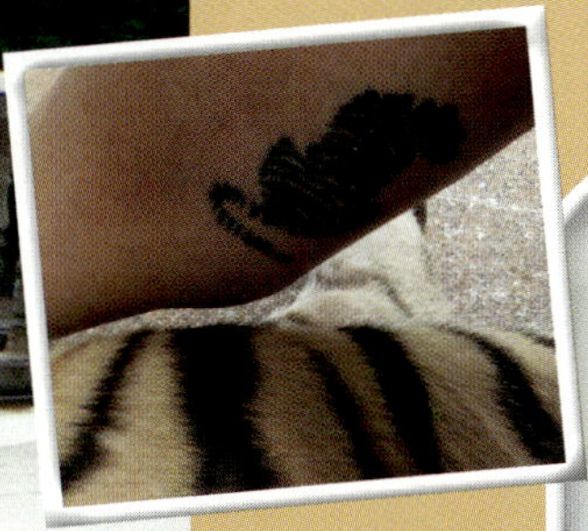

Mon tatouage de tigre symbolise mon passage extraordinaire dans le monde des félins.

Le centipède venimeux et mortel qui a été attrapé après m'avoir mordue. Yark !

Outch ! Les petites dents sont comme des lames de rasoir. J'applique la punition positive pour que l'animal cesse de mordre l'humain.

Quel privilège : un moment de pure passion animale !

Moi et Margarita en pleine séance d'entraînement d'une tigresse adulte.

Stéphanie Leblanc et moi donnons le bain à deux tigreaux… Quelle chance que les tigres aiment l'eau !

Un bébé tigre de deux mois attend son tour pour recevoir le biberon.

Le père abbé Chan reçoit une formation en comportement animal.

animaux qui sont nés sur place. Dans ces cas, les fiches sont différentes : les parents, la date de naissance et le suivi sont inscrits. Le tigreau est confié tout de suite à un jeune gardien qui vivra avec lui pendant quelques semaines. Lorsque le sevrage se fait, le gardien l'entraîne à accepter le poulet cuit, puis la routine s'installe. Actuellement, nous avons trois tigreaux et un nourrisson. Notre première naissance remonte à 1999. Ce sont les fiches bleues.

— Nous appelons cela une imprégnation. C'est une bonne attitude pour que les bébés acceptent d'être manipulés par les humains. Cependant, l'imprégnation ne les empêche nullement de rester eux-mêmes, c'est-à-dire des prédateurs redoutables. Leur instinct ne s'éteint pas, quoi que vous fassiez. Le savez-vous ?

— Nos duos sont comme des couples : une association à vie, ajoute Tom. Il est très rare que le lien de confiance soit brisé. »

Une question me brûle les lèvres : « Que devient le gardien si son tigre tombe malade ou meurt ? Lui donnez-vous un autre travail ?

— Nous croyons en la réincarnation, répond Margarita. Le tigre va se réincarner et le gardien sera chassé. Sa mission ici étant de prendre soin du tigre, il doit chercher ailleurs une autre mission pour se racheter. »

Tout cela me semble bien injuste, mais je n'ai pas d'arguments, à moins de raconter tout ce que j'ai vu ce matin.

Je cherche alors la clé tout en m'intéressant à la démarche d'examen. Je prends le petit classeur : il y a quinze fiches de tigres adultes, quatre de tigreaux nés sur place, un ours brun femelle, un léopard femelle et un couple de lions adultes. Les animaux de ferme ne sont pas répertoriés. Le cheptel contient un grand nombre d'animaux domestiques, allant de la poule au porc et des lapins aux chevaux. Nulle trace de leur existence dans les dossiers du Temple des Tigres.

« J'aimerais être en mesure de voir aujourd'hui les animaux fichés. Puis-je descendre au canyon et, en me mêlant aux touristes, procéder à une première inspection ? Je vais prendre des photos aussi, pour accompagner vos fiches. Plus tard, je ferai une empreinte afin que les animaux ne puissent pas être confondus ou substitués. Si un guide peut m'indiquer l'animal correspondant à chaque fiche, ce sera plus facile. Je voulais consigner le tout sur mon ordinateur, mais mon accumulateur a grillé hier soir. J'avais tout un plan de formation à vous proposer, mais… c'est peine perdue ! »

Margarita esquisse un demi-sourire : « Je pense que je peux sauver votre précieux contenu informatique. Il arrive que le cordon grille, mais que le contenu de l'ordi n'en soit pas affecté. Peut-être votre ordinateur aura-t-il une seconde vie, après tout. La réincarnation est l'une de nos croyances fondamentales…

— Dans certains pays, on croit bien que les chats ont sept vies, ajoute Tom… Qu'en pensez-vous, Jacinthe ?

— Les animaux ne se posent pas la question sur leur existence, sur leur vie après la mort ; ils n'ont pas de spiritualité. Les chats n'ont qu'une vie. Comme tous les animaux, ils s'en remettent à la nature, en premier lieu, pour survivre, puis à l'homme lorsqu'ils n'ont pas d'autres choix. Mais un chat ou un tigre mort, c'est un être vivant de moins sur terre. Et si je suis témoin de cette mort, si cette mort était évitable, je me sens coupable de ne pas avoir été en mesure de lui sauver la vie. C'est la philosophie que j'ai adoptée depuis plus de 20 ans. Mon travail, c'est de comprendre les animaux et de les protéger de leurs prédateurs naturels, mais aussi, et le plus souvent, des humains. »

Tom supporte mal mon regard. Il détourne les yeux. Margarita est touchée par mon émotivité. Elle cherche ce qui m'a bouleversée.

« J'aimerais mieux comprendre vos sentiments. Que s'est-il réellement passé ce matin ? Ce sera plus facile de nous comprendre s'il n'y a pas de malentendus… »

Je choisis la ligne droite, les faits vérifiés, et je les expose sans plus d'hésitation. J'ai besoin de voir comment mes hôtes réagiront au récit d'un événement que je considère comme dramatique.

« Croyez bien que si je devais faire rapport aujourd'hui de ce que nous avons vu, la réputation du Temple des Tigres en souffrirait…

— Pourquoi n'ai-je pas été informée de tout cela ? demande Margarita à Tom. Étiez-vous au courant ?

— L'homme en bas m'a juste dit que tout était sous contrôle, lorsque nous sommes retournés tous les trois sur le haut de la colline. Je vous promets de faire ce qu'il faut pour connaître la vérité. Quant au gamin…

— Pendant que nous discutons, un jeune gardien risque d'être chassé injustement et son tigre souffre, s'il n'est pas déjà mort et enterré… de sorte que les preuves auront disparu dans quelques heures tout au plus. Et ce serait facile de nier le tout en nous présentant un autre tigre afin que le nombre de fiches concorde. Je vous demande de la transparence. Devant la vérité, je peux expliquer et analyser. Face à des dissimulations, je ne saurai fermer les yeux. »

Cette fois, Tom semble comprendre le message. Son ton est plus conciliant : « Nous allons tenter de faire la lumière sur cet incident en fin de journée. Je ne peux pas vous garantir que je retrouverai le jeune gardien, mais, le cas échéant, je tenterai de lui donner une autre tâche afin qu'il ne soit pas victime de la maladie de son tigre. Nous ferons le point en fin de journée. »

Je sens bien que la résistance est moins grande. Vont-ils informer le père abbé de ce qui est arrivé ou garder le tout secret ? Je n'ose pas poser une question aussi délicate, mais j'ai hâte de voir dans quelle mesure on fera preuve de transparence.

La consigne du silence a toujours nui aux animaux, qui ne peuvent pas argumenter pour se défendre. Il suffit que quelques humains habiles dissimulent les preuves et fournissent des explications plausibles pour que les animaux écopent. Si nous n'avions rien vu, cette histoire ne deviendrait pas matière à débat. La liste des fausses « bonnes excuses » est longue : on veut éviter un scandale, ne pas ameuter les médias ; on désire que les donateurs ne remettent pas en question leur générosité, que les visiteurs continuent d'affluer avec leurs beaux dollars, que la stabilité de l'organisation soit préservée… Un tigre et son maître ne pèsent rien dans la balance.

Je vois bien ce qui se passe. Il me faut maintenant trouver la façon de proposer des solutions de rechange sans que les personnes concernées se braquent les unes contre les autres. Je suis tellement entière que la patience me fait souvent défaut. Ici, toutefois, je dois d'abord prendre le pouls et étudier le contexte, avant de conclure…

* * *

La femelle léopard est hargneuse. Elle grogne méchamment, me montre les dents. Son attitude trahit une grande sensibilité à la présence humaine. Est-ce parce qu'elle est généralement oubliée de tous ? C'est plausible. Elle vit derrière le bâtiment où dorment les moines, dans la chaleur des compresseurs qui lui crachent au visage un air infect. Elle n'a pas de cage. Pour dormir, elle se réfugie derrière les compresseurs bruyants, dans un vieux frigo abandonné. L'odeur qui s'en dégage me lève le cœur. Des pieux branlants et de la broche rafistolée délimitent son espace trop petit pour lui permettre de courir, de se nourrir, de vivre normalement.

Le guide me dit que l'on nettoie sa cage une fois par semaine. Quelle attention ! Sa fiche ne précise pas sa provenance. A-t-elle été capturée en voulant se nourrir ? Cela pourrait être la raison de sa présence ici. Pour éviter qu'elle prélève des animaux vivants, on l'a piégée et enfermée. Elle mange ce qu'on lui donne maintenant. Elle est maigre, pleine de parasites. Elle me regarde m'approcher. Je l'observe. Que veut-elle me dire ? Elle hésite entre bondir et fuir. Sa réaction m'intéresse...

Je prends le temps de la laisser m'évaluer, comme si je l'écoutais réfléchir. Elle a une décision à prendre vis-à-vis de moi. Elle tourne en traçant des huit devant moi. Elle me dit son insécurité. Elle a peur des humains. Je crois que le premier moment passé, elle s'intéresse à moi. Si j'avais un biscuit ou une friandise quelconque, j'essaierais de la cliquer. Je dois me procurer quelques aliments attrayants afin de mieux entrer en contact avec elle. Comme personne ne s'en occupe réellement, elle devrait accepter cette amitié gratuite que je vais lui proposer. « On va devenir des amies, toi et moi... Tu peux me croire. Je vais revenir te voir demain. »

Je reste à la regarder sans bouger, à quelques centimètres de la minable clôture. Elle finit par se calmer. Elle respire, me regarde et ne montre plus les dents. Elle se met à grogner comme si c'était un langage. Elle me dit quelque chose : « Sortir d'ici... Reprendre ma vie d'avant... Retrouver le plaisir de chasser… M'accoupler… Errer dans les bois… » Je vois bien qu'elle n'a rien autour d'elle pour la stimuler. Si on forçait un humain à vivre ainsi, on lui collerait une dépression en quelques jours. Il crierait à l'injustice, appellerait les médias. Mais l'animal ne peut pas appeler à l'aide. Il s'éteint à petit feu et son agressivité prend toute la place. Il devient une bombe de frustration refoulée. « Je vais te sortir de là, ma belle. Tu peux me faire confiance… »

Je demande à Nathalie de noter mes observations : absence d'un abri convenable, habitat insalubre et non sécuritaire, enclos trop petit ; aucune stimulation ; état de santé à vérifier par un vétérinaire, parasites visibles, dentition négligée. Elle a sans doute très mal lorsqu'elle mange… Ce sera à examiner de plus près.

« Il faudrait apporter le clicker demain et quelques amuse-gueules afin de voir si on peut l'approcher. J'aimerais bien la travailler un peu. Elle est tellement fascinante, malgré ses conditions de vie déplorables. La garder en vie dans un endroit pareil, c'est inadmissible. »

Je fais quelques photos, au cas où, puis je prends les fiches des quatre tigreaux et je les montre au guide. Il nous fait signe de le suivre. Nous aurons le temps de les évaluer avant le repas du midi. Je me retourne pour voir comment réagit la femelle léopard au moment où nous nous éloignons. Elle s'est remise à grogner, mais elle regarde dans notre direction. Elle m'inspire une pitié sans nom.

Comment les gestionnaires du Temple des Tigres peuvent-ils croire qu'ils ont bien agi, selon les préceptes du bouddhisme, en la privant ainsi de sa capacité de vivre de façon normale ? La réclusion, n'est-ce pas pire que l'exploitation ? Ils la gardent en vie, mais c'est une cruauté passive plutôt révoltante. Elle va mourir d'infection, d'ennui, d'un dégoût profond pour la vie rapetissée qui est la sienne. J'ai vu cela maintes fois dans les jardins zoologiques. La différence, dans un lieu public, c'est que le regard des visiteurs force les dirigeants à mieux traiter leurs animaux. Ici, dans l'oubli total, qui va lui offrir une toute petite chance de s'en sortir ?

* * *

Je ne pourrai jamais oublier que la vie d'un animal peut tenir à bien peu de chose, parfois. C'était le cas pour mon amie lama. C'est une expérience dont le souvenir me bouleverse encore et que je tente d'intégrer à ma vie avec sérénité. Mais j'ai encore une grande culpabilité à évoquer ce souvenir.

Je travaillais pour toute la saison estivale dans un parc animalier. J'ai eu la chance de recueillir et d'imprégner une jeune femelle lama qui m'a marquée pour le reste de ma vie. J'habitais alors sur les lieux, et ma maison était un minizoo que je partageais avec différents animaux. C'était parfait pour permettre à mes stagiaires de vivre des immersions inusitées.

Un bon matin, j'apprends que la femelle lama va mettre bas ; nous nous réunissons et, en atelier interactif, nous préparons l'opération. Nous partons en camion après avoir élaboré une stratégie douce qui nous permettra d'avoir accès au bébé sans traumatiser la mère. Les gardiens placent de la nourriture au fond de l'enclos pour attirer la maman quelques minutes après le vêlage. Nous pouvons ainsi nous approcher et recueillir le bébé que nous transportons doucement jusque chez moi. C'est comme ça que Justine est devenue ma protégée.

Tout d'abord, je la couche sur ma poitrine et je la berce. Je veux qu'elle respire mon odeur. Elle manifeste ensuite le désir de se lever. Tout va bien. Elle hésite, titube un peu, puis arrive à se mettre sur ses quatre pattes. Mes stagiaires sont émus. Lorsqu'elle a faim, j'essaie de lui donner le biberon, mais elle refuse. Les heures passent, j'essaie à nouveau. Rien ne fonctionne. Après 12 heures de vie sans boire, elle risque de mourir. Que puis-je faire ? Tout le monde se met à la recherche d'une solution logique. S'il fallait que nous l'ayons enlevée à sa mère pour la voir mourir sous nos yeux, ce serait un drame inqualifiable. L'inquiétude grandit d'heure en heure.

Un jeune gardien du parc vient me voir et me dit : « C'est parce que tu ne sens pas comme sa mère. Ton odeur lui fait peur. » C'est une excellente déduction. Je pars en camion, à toute vitesse. Je me rends dans le champ où elle est née ; je m'enduis d'excréments et de foin. Mon chandail est méconnaissable lorsque je sors de ce bain d'herbes humides. Je reprends le volant avec un parfum inqualifiable et des cheveux souillés à la rare fragrance de lama. J'arrive près de la petite femelle lama. Je suis émue parce que c'est vraiment notre dernière chance, à toutes les deux. Si nous n'arrivons pas à communiquer dans la confiance, ce sera épouvantable. Le biberon est prêt. Je l'approche et… j'en pleure de joie : bébé lama se met à boire goulûment. Elle dévore la tétine pour extraire le contenu qui lui sauve la vie.

Ce jour-là, nous avons appris à quel point l'odorat est déterminant dans une imprégnation réussie. C'est lui qui déclenche le mécanisme de succion. Je n'en avais jamais autant mesuré l'importance. À partir de cet instant, Justine m'a suivie partout, tout le temps. J'étais sa maman.

Je me suis attachée à elle d'une façon particulière et j'ai découvert les qualités de cet animal évolué. Elle était douce et me regardait avec philosophie ; elle savait manifester de l'affection. On aurait dit qu'elle me communiquait de la sagesse. Une vieille âme se cachait en elle…

Je l'entraînais patiemment et elle conservait une attitude très zen, alors que, moi, je regardais souvent ma montre, pressée par les événements. Elle était contemplative devant tout ce qui l'entourait : elle prenait le temps de savourer tout ce qui est agréable avec ses yeux, ses narines et sa bouche. Elle me donnait l'impression que toute l'éternité s'étendait devant elle pour vivre sa vie. De temps en temps, elle s'arrêtait carrément de marcher et me forçait à me *grounder,* me jetant un regard paisible en avançant la mâchoire inférieure comme si elle avait voulu parler. Je l'entendais me dire : « Calme-toi… respire, ça va aller ! Tu cours après quoi ? »

Quelle pédagogue ! Elle m'apprenait tout sans jamais dire quoi que ce soit. Elle m'a enseigné à apprécier chaque minute, chaque paysage, chaque rencontre qu'il m'a été donné de vivre. Je me suis attachée à elle comme à une amie : nous traversions chaque jour le parc zoologique et elle aimait parader, se laisser caresser. Je lui donnais des bisous et le public l'aimait aussi pour sa docilité. Il y a sans doute des milliers de photos de Justine un peu partout dans le monde…

Elle avait un côté très sociable que j'aimais particulièrement. Elle était très liée à Thérèse, le bébé daim que j'ai aussi élevé cet été-là. Thérèse et Justine étaient de bonnes amies. De plus, j'avais sous ma responsabilité deux lionceaux qui formaient un duo très intéressant pour mes étudiants, qui pouvaient les observer et les entraîner. Bref, il faut convenir que, même si la portée de louveteaux initialement prévue au programme n'est jamais devenue réalité, j'ai eu l'occasion de me faire beaucoup de nouveaux compagnons avec qui je causais quotidiennement. Preuve que l'inattendu est souvent source de découvertes.

À la fin de la saison, nous voulions que Thérèse, la jeune femelle daim, prenne sa place aux côtés des membres de sa famille naturelle. Cependant, elle n'avait jamais fraternisé avec eux, car elle était toujours avec Justine et moi. Les stagiaires et moi avons amorcé un processus visant sa réintégration au sein de sa famille. La petite daine d'Europe a refusé; elle se sauvait pour aller rejoindre les lamas. Elle était convaincue que sa vraie famille, c'était ce clan. Elle est restée avec eux après mon départ. Les visiteurs ont posé mille fois la question: « Pourquoi un daim dans l'enclos des lamas? — Parce que Thérèse est persuadée qu'elle est un lama ! » Mais pour Justine, l'appartenance à sa famille naturelle n'avait rien d'évident.

La suite de l'histoire de Justine est plus pathétique. À la fin de la saison touristique, lorsque je suis partie, elle a refusé de s'intégrer aux autres animaux, y compris ceux de son espèce. Elle a fait une sorte de dépression, refusant de manger, de boire, de sortir. En dernier recours, les vétérinaires ont essayé de la nourrir de force et de lui faire oublier sa vie d'avant par des stimuli.

De mon côté, j'ignorais tout de ce qui lui arrivait. Je la croyais en bonne santé et en mesure de s'adapter à autre chose sans difficulté. J'avais accepté un nouveau mandat et j'étais partie, comme je le fais normalement l'automne venu.

Justine refusait de suivre le troupeau même lorsque sa fausse sœur, Thérèse, était avec elle. Les entraîneurs ont tout tenté, sauf de m'appeler, malheureusement, et elle s'est laissée mourir de peine. Personne ne m'a informée de sa réaction, car je serais venue la voir, j'aurais tenté de la stimuler, de lui donner une autre chance. J'aurais tenté de la secouer un peu, comme je l'aurais fait pour un être humain. J'ai appris par un ami qu'elle était morte; c'était le lendemain de sa disparition. J'ai reçu la nouvelle comme un choc. J'ai pleuré toutes les larmes de mon corps ; je me sentais tellement coupable de l'avoir abandonnée... Un deuil très difficile a suivi. Justine m'a obsédée pendant longtemps.

Oui, les animaux souffrent lorsqu'ils se sont attachés à une personne. Ils n'ont pas la capacité de trouver une solution à leur perte de repères dans l'environnement qui les entoure. L'ennui que Justine a ressenti s'est transformé en une sorte de refus de faire des efforts. Pourtant, elle n'était pas négligée, elle avait les soins et l'attention de toute une équipe. Elle ne voulait tout simplement pas accepter la séparation que je lui avais imposée. Elle m'aimait et je l'ai abandonnée. J'en ai tiré une grande leçon : le désir de vivre est un lien fragile et il peut se briser. Parfois, ce sont nous, les humains, qui brisons le fil en pensant que l'animal va survivre, que nous ne sommes pas responsables de ce qui va lui arriver après. Mais l'attachement ne se mesure pas. Certains animaux se tournent rapidement vers une autre source de plaisir et reprennent une vie normale, comme l'a fait Thérèse, ma petite daine adoptée par les lamas. D'autres ne survivent pas à cette rupture, comme ce fut le cas pour ma belle Justine.

En ce moment, je sais que ma nouvelle amie sera la belle femelle léopard qui, ignorée de tous, vit dans un enclos infect. J'ai un profond désir de l'adopter, de lui tendre la main. Espérons que je saurai lui apporter de la stimulation et adoucir sa réclusion, à défaut de pouvoir lui redonner sa véritable raison de vivre : la liberté.

* * *

Les tigreaux jouent à se mordiller en se roulant en boule les uns sur les autres. Nathalie capte quelques images qui feraient la joie de revues spécialisées. Les trois plus grands ont environ trois mois et le plus petit a trois semaines. Ils sont enjoués comme des chatons. Je les prends, je les manipule sans problème ; ils sont déjà bien imprégnés de la présence humaine. Le bébé est allaité, mais les trois autres ont commencé à manger de la viande. Pas de viande crue et rouge, car, ici, le poulet bouilli est la seule possibilité au menu. Ils vont rapidement manquer de protéines et ils auraient besoin d'un meilleur suivi pour se développer. Pour l'instant, la diète leur permet de grandir, mais ils ne sont pas vraiment stimulés par la vue de cette viande : ainsi le souhaitent nos hôtes bouddhistes.

Je me couche par terre et les tigreaux viennent me lécher le visage. Je les poursuis à quatre pattes et ils me sautent sur le dos, essayant de me faire rouler au sol. Leurs dents sont saines, donc très acérées. J'ai bien fait de porter un jean. Ils s'agrippent au tissu et montent sur mes épaules. L'un d'eux arrive sur ma tête et plante ses griffes dans mes cheveux. Je sursaute et cela le fait bondir. Il part avec une mèche rebelle en guise de souvenir. La prochaine fois, je mettrai mon chapeau ! Et je les ferai travailler quelques trucs. Car il y a là une belle occasion de les rendre dociles afin qu'ils acceptent l'examen vétérinaire ou des soins spécifiques, même si ce n'est pas encore la norme ici. Éventuellement, le Temple devra bien accepter d'accueillir une équipe médicale. Du moins, j'en ferai la recommandation à la fin de mon séjour. Et, pendant que leur mémoire est encore perméable, je vais profiter de ma présence ici pour les faire évoluer un peu avec le clicker.

Nathalie n'ose pas s'approcher. Elle ressent bien le désir de les caresser, mais elle ne peut pas oublier leur nature de grands fauves. Alors, je lui en mets un dans les bras, tout doucement. Elle l'apprivoise lentement.

« C'est incroyable de voir que ce petit animal si câlin va devenir une bête redoutable. Il semble si inoffensif, une vraie peluche. À cet âge, ont-ils déjà un instinct de prédation ?

— Si un mulot passait par ici, une souris ou quelque chose qui court rapidement sur le sol, entre les buissons, tu les verrais bondir, se mettre à l'affût et tenter de saisir la proie. Parfois, pour jouer, ils la mettent dans leur gueule et la laissent se balancer. Ils aiment particulièrement ces instants où la proie lutte et se débat. Puis, ils donnent un coup de dents brusque et la tuent. Toute cette séquence est inscrite dans leurs gènes et jamais, jamais, jamais elle ne pourra s'effacer. Un tigre est un tigre, de sa naissance à sa mort. Tu peux changer son environnement, le confiner, lui imposer ton mode de vie : dès qu'il sera en présence d'un stimulus, son instinct va ressurgir. C'est ce qui est le danger sous-jacent ici. Tous les gens pensent que les tigres sont leurs amis, jusqu'au jour où un événement survient.

— Je comprends mieux depuis que j'ai vu le garçon et son tigre, ce matin. Quelle que soit la raison qui réveille l'instinct de l'animal, au moment où le phénomène commence, il ne peut plus s'arrêter. La bête sauvage reprend ses droits ; elle redevient un fauve. Et tout ce qu'on pense lui avoir appris, alors ? poursuit Nathalie.

— Le tigre ne cesse jamais d'être un tigre, même si les humains aiment croire qu'il en est autrement. Les touristes aussi sont fascinés par cette idée que le tigre en liberté est un animal dangereux, mais qu'un tigre en captivité, ami des moines, n'a aucune agressivité. C'est une illusion. Les tigres jouent le jeu tant que rien ne vient perturber le scénario habituel. Un rien peut faire basculer le calme apparent. Tout le monde est assis sur une poudrière et semble l'ignorer… On traite les petits événements à la légère, en prenant bien soin de tout enterrer… Je ne miserais pas gros sur cette façon de faire. Je désire même la dénoncer. Les humains jouent à un drôle de jeu en dénaturant ainsi des espèces carnivores et prédatrices et en compromettant leur équilibre comportemental.»

Les fiches des tigreaux sont annotées, puis le guide nous fait signe de faire la pause du repas. Depuis que nous avons quitté l'abri où vivent les tigreaux, la chaleur est devenue intense. L'eau ne suffit pas à nous désaltérer. Nous rejoignons Jane afin de partager son espace, un coin de tapis situé près d'une porte où passe une légère brise.

«J'ai une faim de loup, lance Nathalie.

— On dit que les loups mangent n'importe quoi et, c'est quand même drôle: comme les moines, ils attendent que le chef se serve en premier», commente Jane, avec une touche d'humour.

Son commentaire me ramène 10 ans en arrière, alors que je découvrais pour la première fois les mœurs du loup. Comme beaucoup de spécialistes, j'étais curieuse de comprendre pourquoi les loups ont établi une hiérarchie sociale alors que ce sont les plus antisociaux des animaux. J'avais entendu parler du Wolf Park, une réserve spécialisée où on étudie différents aspects de leur comportement.

«J'ai dormi avec des loups, j'ai même partagé leurs repas…»

Je viens visiblement de piquer la curiosité de mes deux amies. Elles vont remplir leur gamelle, puis, sitôt de retour, elles attendent des explications.

«Je suis allée en stage au parc de Yellowstone. Ils y gardent environ 3000 loups qui côtoient des bisons et des lynx afin de les étudier. J'ai fait quelques expériences d'imprégnation avec des louveteaux. Plusieurs spécialistes qui travaillent là sont attentifs à différents aspects de la vie des loups, depuis la génétique jusqu'à la reproduction. Ils s'intéressent aussi à leur technique de chasse en groupe, qui est unique.

« Une fois leur proie repérée, les loups s'élancent et utilisent la méthode de l'encerclement, pour ensuite faire la course vers la proie. Celui qui arrive le premier obtient l'estime de ses congénères. C'est l'une des façons de prendre du galon dans les rangs de la meute. La bravoure est récompensée et valorisée par le loup alpha, le dominant. Et les jeunes aspirants tentent de se mettre en valeur.

— Pourquoi y a-t-il une si grande fascination pour les loups ? demande Jane. Sont-ils si intelligents qu'on le prétend ?

— Le mythe des loups repose beaucoup sur la projection que les humains ont faite : ils sont doués, rusés, intelligents, intuitifs, capables de stratégies collectives ; ils s'adaptent à un rôle dans leur société, tentent de monter dans l'échelle sociale. L'humain a tendance à transposer ses propres réalités. Le loup est un animal dont l'instinct de prédation est très fort. Ce qui me fascinait plus particulièrement, c'est la possibilité que les loups aient créé une forme de communication, un langage, un code de conduite exprimé clairement dans la meute envers les autres espèces et aussi, pourquoi pas, envers les humains. »

Je leur explique dans quel contexte je me suis intéressée aux loups. C'était en 2002. Les travaux du fondateur de Wolf Park m'avaient d'abord intéressée parce qu'il est l'un des premiers scientifiques à avoir remis en question le lien génétique entre les chiens et le loup. Pendant 30 ans, il a étudié le mystère de leur socialisation en la comparant à celle des renards, des coyotes et des bisons, qu'il a volontairement fait cohabiter dans son parc. J'y ai passé des semaines, à Indianapolis, à m'imprégner de leur culture spécifique. C'est là que j'ai côtoyé un couple de chercheurs très réputés qui sont devenus mes mentors. Ce stage au Wolf Park a réellement marqué ma carrière et influencé le reste de ma vie.

« Le mythe du loup est tellement grand que la réalité m'a déçue, au premier abord. La première fois que j'ai pris dans mes bras un bébé *Canis lupus*, je me sentais nerveuse, comme toi avec les tigreaux, dis-je à Nathalie. Le louveteau est mignon et semble inoffensif. Tout ce qu'il veut, c'est boire, jouer et dormir. Il a besoin d'être stimulé, ce que je faisais en lui montrant des trucs et en éveillant sa curiosité. Contrairement aux chiens, qui me touchent, les loups n'arrivent pas à m'émouvoir. C'est comme si je restais une technicienne face à eux. J'ai vécu avec les louveteaux pendant deux semaines, je les ai vus grandir. Ils jouaient à marcher sur moi quand je me roulais dans l'herbe. Une fois, il y en a même un qui, se sentant très à l'aise en ma compagnie, s'est arrêté et a déféqué sur mon visage. Je me suis essuyée et j'ai ri de bon cœur. Les autres chercheurs se sont bien moqués de moi. L'imprégnation totale, ça va jusque-là !

« J'ai rapporté quelques dizaines de photos sur lesquelles j'apparais comme une vraie louve dans l'enclos : je fais la bise aux loups et ils se laissent faire, car la confiance est là. Curieusement, je m'interroge encore sur leur capacité à communiquer. Je crois que cet animal n'est pas sur la même fréquence de communication que moi. J'ai essayé plusieurs fois d'écouter les loups, mais je ne trouve pas le code qui me touche.

— Qu'est-ce qui n'a pas marché dans la communication avec les loups ? Est-ce quelque chose de technique ? demande Jane, qui a lu dans un article que je parlais aux animaux.

— Mon approche était trop cérébrale, je pense, presque uniquement basée sur une curiosité scientifique. Je savais que les loups utilisent tout un éventail de grognements, de gémissements et aussi de brefs aboiements pour communiquer entre eux au sein de la meute. Ils expriment la peur, l'anxiété, la domination ou la soumission, la protestation ou encore le désir de jouer, ou même le besoin d'avertir la meute de la présence d'un intrus. Ils sont futés. Pourtant, mes recherches ont été très attentives.

— Les signaux des loups sont-ils seulement sonores ou y a-t-il aussi des gestes qui confirment le sens de leurs messages, comme les singes qui font des mimiques très drôles ? demande Nathalie.

— C'est un peu ça. Les loups ajoutent des signaux visuels à leurs signaux sonores, principalement par l'expression de leur visage, leur posture, leurs mouvements et la position de leur queue. Par exemple, un loup dans un état agressif aura le regard fixe, les babines retroussées et les crocs apparents ; il se tiendra droit, les poils du dos hérissés et la queue levée pour chercher à impressionner. Inversement, un loup en état de soumission se fera plus petit : il aura le regard fuyant, les oreilles rabattues et la queue entre les jambes. Le loup peut exprimer de la soumission passive, rouler sur le dos et exposer ses organes sexuels afin de montrer à l'autre loup qu'il est le dominé. »

Comme mes interlocutrices semblent fascinées, je continue sur ma lancée :

« En plus des sons et des messages physiques, il y a aussi un code lié à l'odorat. Cela commence par le marquage au sol. L'odeur laissée par un loup qui se roule dans la neige ou se frotte contre un arbre est comme une "carte de visite". Le loup sécrète de nombreuses substances qui dégagent des signaux.

« En ce qui concerne ma fameuse question de la communication, j'ai vraiment dû me résigner à la remettre à plus tard. Les *Canis lupus* hurlent pour montrer leur plaisir, pour affirmer les liens dans la hiérarchie. J'ai encore l'intention de découvrir le code, un jour. Dans un certain sens, j'ai été témoin d'une forme de communication tactile entre la mère et son petit. C'est assez spécial. Le louveteau s'approche de la gueule de sa mère et il la touche avec son museau. La mère entrouvre les lèvres et régurgite des aliments pour nourrir son petit, lui donnant une sorte de baiser nourricier. C'est un beau sujet de spécialisation, en tout cas.

— C'est exceptionnel, cette expérience avec les loups. Je n'en reviens pas ! fait Jane.

— C'est vrai, mais leur côté "vedette" m'apparaît nettement surfait. Ce sont des machos, totalement réfractaires et asociaux ! Ils naissent loups et ils meurent loups : c'est un animal qui refuse de vivre s'il doit changer son comportement. Cela explique d'ailleurs pourquoi l'espèce est en voie de disparition.

« Par la suite, j'ai imprégné plusieurs portées de loups et j'en ai entraîné avec succès. Mais la comparaison avec les chiens est ce qui m'a le plus renforcée dans ma profession : le loup m'a permis d'apprécier le côté sociable du chien et de faire la preuve qu'ils n'ont que bien peu de choses en commun, heureusement. J'ai constaté que mon approche de communication devient instinctive avec les chiens et qu'elle demeure toujours raisonnée avec les loups. Je n'arrive pas à leur faire confiance, peut-être...

— Tout à l'heure, avec les bébés tigres, tu étais "branchée" dès le premier contact. C'était tellement beau de te voir leur parler. Pourtant ils sont aussi des prédateurs, ajoute Nathalie.

— Le contact est vraiment très différent, d'une espèce à l'autre. Par exemple, je suis restée assez froide face aux requins, même si j'ai vu un entraîneur réussir des renforcements spectaculaires avec eux. Il leur a montré à se laisser approcher par un vétérinaire pour qu'il leur fasse des prises de sang et des vaccins. Voir ce grand prédateur mangeur d'hommes se soumettre au clicker pour recevoir des soins, c'est assez pour croire aux miracles ! Mais je n'ai ressenti aucune sympathie pour l'espèce.

— Le plus docile des requins ne m'inspirerait pas beaucoup de sympathie, glisse Nathalie avec un mouvement de frayeur.

— Par contre, au zoo de Toronto, j'ai vibré pour un orang-outang avec qui j'ai l'impression d'avoir réellement communiqué. Les primates ont un regard et des expressions faciales qui nous fascinent. Je me suis approchée de sa cage plusieurs fois et il m'a examinée de la tête aux pieds. La confiance s'est établie sur-le-champ. Je suis restée très calme lorsqu'il a passé son bras à travers les barreaux; je l'ai laissé faire en riant, en lui parlant. Que voulait-il ? Était-il dangereux ? J'étais intriguée par son habileté.

« Il avait remarqué que la poche sur le côté de mon pantalon avait une fermeture éclair et il a aussitôt saisi la tirette, a dézippé ma poche et est allé chercher un billet de cinq dollars tout plié. Il l'a pris, l'a regardé et l'a lancé par terre. Son message non verbal était clair : le billet de banque n'avait aucune valeur pour lui. Il espérait trouver quelque chose qui se mange, qui lui fasse plaisir, et je n'avais rien de valable à lui offrir. Je l'ai déçu ! Pauvre ami ! Pas de récompense pour confirmer que j'appréciais son bel effort !

— Est-ce qu'il était fâché contre toi ? demande Nathalie.

— Non, mais sa curiosité était déçue. Son entraîneur est alors intervenu. Il lui avait appris à remettre aux gens ce qu'il leur avait volé, en échange d'une friandise. Au son du clic, l'orang-outang est allé chercher mon billet de cinq dollars par terre, comme un garçon soumis et raisonnable, marchant d'un pas lent en se balançant sur un pied puis sur l'autre, et il est venu me le donner dans la main. J'ai applaudi à son geste en riant. Puis il est allé réclamer sa récompense, qu'il a dégustée en se frappant le torse de joie. C'était une gomme à mâcher Dentyne, dont il raffole. Il s'était bien fichu de moi ! Quel comédien !

« J'ai trouvé l'expérience très positive et je me suis dit que cela ferait une excellente scène au cinéma, dans ma version personnelle de King Kong. L'entraîneur s'est rapproché de moi, voyant que je répondais bien à ce type de conditionnement. Il m'a demandé si je voulais en voir plus... Évidemment ! Il a alors poursuivi l'interaction. Il a lancé un tube de carton dans la cage de l'animal et lui a demandé de rapporter le tube.

— Et que s'est-il passé ? L'orang-outang a-t-il compris ce que le gars attendait de lui ? demande Jane.

— Vous n'en croirez pas vos oreilles. Non seulement il a compris, mais il nous a étonnés. J'ai assisté à une scène incroyable. Le tube était plus gros que l'espace entre les barreaux. Lorsque l'orang-outang essayait de le remettre dans la main de son entraîneur, le tube ne passait pas. Il le regardait et essayait de nouveau. Il s'est donc mis à serrer le tube entre ses doigts et à le retourner dans tous les sens pour le rendre plus mince et plus flexible. Il a modifié la configuration de l'objet parce qu'il ne pouvait pas le passer en dehors de la cage. Il a essayé de nouveau et, cette fois, l'entraîneur a pris le tube et a récompensé l'animal. J'en suis restée bouche bée. L'orang-outang a réagi avec intelligence pour répondre à la demande de son entraîneur. La communication a été exceptionnelle !

« Je n'avais jamais rien vu de pareil. En comparaison, un chien qui saisit un bâton dans sa gueule ne sera pas capable de tourner la tête pour que l'objet passe entre deux clôtures. Il restera bloqué et laissera tomber l'objet. L'orang-outang comprend qu'il peut modifier la matière avec ses mains. Étonnant ! Intelligent !

— Les primates nous ressemblent : nous sommes plus ouverts à communiquer avec eux. N'avons-nous pas les mêmes ancêtres ? demande Jane.

— C'est vrai que nous les reconnaissons à priori comme les animaux les plus intelligents, ceux qui se rapprochent le plus de l'humain. J'ai une autre anecdote, à ce propos. Dans une autre cage, ce jour-là, une femelle avait trouvé un noyau de mangue. Elle s'était mise à jouer avec l'objet et, explorant les sensations agréables qu'elle pouvait en tirer, elle le frottait sur ses parties génitales. Les orangs-outangs n'ont aucune inhibition, eux. Deux vieilles dames se sont arrêtées devant la cage pour échanger leurs commentaires sur la belle apparence de l'animal. Lorsqu'elles ont compris que la jolie primate était en train de jouir sous leurs yeux, elles se sont offusquées et sont parties aussitôt.

« Est-ce que la femelle orang-outang savait qu'elle allait choquer les dames et les faire déguerpir ? L'entraîneur est affirmatif. Elle l'a fait pour provoquer la fuite des humains d'un certain âge. Dès que les vieilles dames lui ont tourné le dos, elle a laissé tomber le noyau. Et elle a refait ce numéro quand elle a vu des personnes âgées s'approcher. Lorsque des enfants se sont présentés, elle a exploité une autre série de comportements. Il est évident qu'elle a appris à manipuler la foule à son avantage.

« Les singes recherchent la valorisation du public : les rires, les éclats de voix, les imitations des humains et les doigts pointés vers eux les encouragent à répéter les comportements qui provoquent ces réactions. Mais ils peuvent aussi adopter des comportements agressifs s'ils ne sont pas correctement stimulés. L'entraînement au clicker peut leur sauver la vie, m'a expliqué l'entraîneur. En tout cas, c'est toute une expérience de communication qui m'a appris que le courant passe… entre moi et les primates.

— C'est donc bel et bien vrai que tu parles aux animaux ? Ma fille n'en reviendra pas ! s'exclame Jane.

— N'en mets pas trop ! J'ai vécu de nombreuses interactions avec des animaux domestiques et exotiques et j'ai appris à parler aux animaux autant qu'à les entraîner. Comme une maman qui fait la causette, qui chantonne, qui tente d'amorcer le dialogue, je me rendais disponible à l'espèce que je découvrais dans l'instant présent. On l'a vu, les loups ne répondent pas, mais les orangs-outangs répondent. Mes recherches se poursuivent… Je finirai bien par comprendre moi-même le phénomène qui fait que parfois je suis à *ON* et d'autres fois à *OFF*. »

Le repas se termine sur cet aveu. Je ne maîtrise pas le processus, mais je suis fascinée par la possibilité d'établir un dialogue avec le léopard abandonné. Je verrai bien dans quelques jours si je suis en mesure de réaliser une nouvelle expérience. D'ici là, l'après-midi sera consacré à l'examen des 14 tigres qui sont en prestation au canyon pendant que Nathalie se rend explorer le dépanneur du village, à bord d'un taxi local pétaradant.

* * *

Le rendez-vous de 16 heures prend une importance que personne n'aurait pu soupçonner. Margarita et Tom n'ont pas trouvé le jeune gardien et ils savent maintenant que le tigre est très malade. Ils ignorent s'il va survivre. Ils optent pour la thèse d'une maladie infectieuse dont ils ne connaissent pas la cause. Vont-ils chercher plus loin ? Le tigre était-il malade depuis longtemps ? L'homme qui s'en est occupé a dit qu'il n'avait pas espoir de le sauver. Un point, c'est tout ! Fin de l'enquête.

Je bondis : « Nous l'avons vu avec une plaie très infectée, la moindre pression sur l'oreille malade pouvait entraîner une hémorragie. Il a besoin de soins avant qu'il ne soit trop tard. C'est une négligence, selon moi, de ne pas le soigner tout de suite.

— Sa vie ne nous appartient pas. S'il succombe à cette pathologie, propose Margarita pour minimiser les faits, c'est la loi de la nature. Son karma de souffrance aurait aussi fait souffrir les autres, il aurait pu menacer son jeune gardien ou causer d'autres dommages.

— Vous tentez d'excuser votre manque de moyens... L'attitude de cet homme qui, au lieu de le soigner, l'a confiné dans une cabane, ses menaces au jeune gardien, cela ne vous touche pas ? Si nous n'avions pas été témoins de cette scène dramatique, je n'y aurais vu que du feu, à votre explication. De toute évidence, il n'y a rien ni personne qui puisse ramener ce tigre à la santé, ni permettre à ce jeune de vivre en paix ici, n'est-ce pas ? Alors, je garde mes preuves et je verrai à les utiliser, si je le juge pertinent.

— Nous croyons ici que ce que l'on ignore ne nous prive de rien d'utile. En Occident, l'absence de connaissances est considérée comme une imperfection. Nous croyons plutôt qu'il y a des milliers de choses que l'on ignore sans pour autant en être diminué. Ce que je sais, je le mesure et ce que j'ignore n'existe pas. Ainsi avons-nous choisi de traiter cet événement. »

Je sens la colère monter en moi. J'essaie de garder mon calme, malgré le déni que mes hôtes expriment: « Et si je demandais à parler avec le père abbé pour lui faire part de mes questions, que feriez-vous ? »

Mes interlocuteurs se regardent, un instant qui me paraît long, puis sourient: « Mais Jacinthe, si le père abbé veut vous parler, c'est à lui de le demander. Sinon, vos questions ne sauraient se rendre jusqu'à ses oreilles. »

À mon tour de regarder Nathalie, de chercher une stratégie. Me mettre en colère servira-t-il ma cause ? Comment puis-je transformer ce refus implicite à l'avantage des animaux ? Puisque la vérité ne peut se faire un chemin, ma seule option serait... de travailler sur l'ignorance. Ce que tous ignorent n'existe pas, croient-ils. Je vais donc leur enseigner ce qu'il faut savoir sur les tigres ; ainsi, personne ne pourra plaider naïvement, honteusement, le fait de tout ignorer sur les besoins des animaux.

« Je crois que tous les membres de votre équipe, tous ceux qui s'occupent des tigres ou qui vivent avec eux, devraient savoir qui sont ces animaux et comment les aimer sans les dominer, en prendre soin sans les dénaturer, les aider à vivre dans les meilleures conditions possible.

— Que voulez-vous dire exactement ? demande Tom, intrigué.

— Est-il possible de réunir tout le personnel demain matin ? J'ai besoin d'un interprète à mes côtés. Nous allons commencer une formation afin que l'ignorance ne soit plus jamais invoquée comme prétexte dans la mort d'un tigre ou éventuellement d'un humain.

— Bien, après le déjeuner, vous aurez 30 minutes dans notre horaire. Le Temple servira de salle de classe. Est-ce que le tout vous convient ? » demande Margarita.

J'approuve en lui réitérant ma demande de tenter d'extraire mes fichiers informatiques. Je perds la bataille de la vérité, mais je m'accroche à celle de la connaissance. Si je réussis à leur enseigner à connaître les animaux pour ce qu'ils sont, et non avec la lunette déformante du bouddhisme, j'aurai au moins un petit impact sur la suite des événements.

* * *

La visite de Nathalie au dépanneur me permet de me procurer plusieurs aliments récompenses pour entreprendre des renforcements au clicker : des biscuits, des boîtes de nourriture pour chats, du pain, des gâteaux emballés, des viandes séchées. C'est sans compter sur le luxe que représente l'achat de rouleaux de papier hygiénique, de boîtes de mouchoirs, de quelques boissons gazeuses et de bière locale.

Mes deux siamois me suivent maintenant partout et je les gratifie de petites douceurs chaque fois qu'ils agissent avec docilité. Curieusement, ils semblent s'intéresser à la porte de la quatrième chambre, celle qui est inoccupée. Ils miaulent en tentant de me dire quelque chose. « Pourquoi êtes-vous si curieux ? Il n'y a rien derrière cette porte… » Pour mettre fin à leur manège, j'entrouvre la porte doucement. Ils entrent et je les suis. Il y a quelque chose dans un coin, quelque chose qui n'était pas là avant… Le tapis ?

Je n'en crois pas mes yeux. Le jeune gardien blessé dort, enveloppé dans cette couverture improvisée. Comment est-il entré ? A-t-il voulu demander notre protection ? Voilà qui me réjouit ! Il est donc sain et sauf. Dieu merci ! Il dort comme un bébé, se croyant seul dans la grande maison des femmes interdite aux bouddhistes, qui pourraient lui vouloir du mal.

Je fais signe à mes deux colocataires de venir voir ce qui se cache dans la quatrième chambre :

« Nous avons un pensionnaire. C'est le gardien qui a été blessé ce matin. Regarde, il a encore mon foulard autour du genou.

— Qu'allons-nous faire de lui ? Pouvons-nous le cacher ici sans risquer des ennuis ? » demande Jane.

Nous le laissons dormir et nous racontons toute l'histoire à Jane. Elle partage maintenant notre secret et aussi notre désir de protéger le garçon. Pendant que les éléments de cet imbroglio se précisent, un petit hamster s'est mis en mouvement dans ma tête. Il cherche quelque chose dans mon cerveau, une piste que nul n'attend et qui saurait concilier la logique et l'action... Mes deux amies font silence jusqu'à ce que je me redresse : « J'ai une idée ! »

Pendant que Bô, le jeune gardien répudié, récupère paisiblement, je mets au point ma stratégie. Après avoir constaté à quel point chaque expérience de communication m'a permis d'en apprendre toujours davantage sur le monde animal, je découvre maintenant comment ouvrir chez les humains une fenêtre de compréhension, malgré les barrières culturelles qui se dressent entre nous.

Pour éveiller les consciences, Bouddha parle de la souffrance. Moi, je voudrais plutôt lui proposer un autre choix : la connaissance. Saura-t-il entendre mes enseignements, si modestes soient-ils, lui qui a réussi à faire partager sa vision de l'univers et sa philosophie à des millions de gens ? Humblement, après deux jours d'immersion durant lesquels l'indignation et la curiosité m'ont surtout marquée, je me donne trois semaines pour changer le regard de mes hôtes sur la vie animale. Une mission impossible ? Le stratégique Tom, la pragmatique Margarita, le très vénéré père abbé Chan et la petite victime Bô deviennent donc l'incarnation de mon prochain défi. Et si je pouvais compter sur une nouvelle amie, je choisirais cette femelle léopard abandonnée, sans l'ombre d'une hésitation.

Demain… Demain, je peux faire changer le cours des choses…

CHAPITRE 3

Le respect

Le repas terminé, les employés se placent en rang comme lorsqu'ils assistent aux enseignements du maître. Le *wihan* se transforme en amphithéâtre. J'ai placé mon ordinateur, qui est miraculeusement revenu à la vie, face au public, afin que l'on puisse voir la photo du tigre qui y est affichée. Tom me sert d'interprète. Il m'a présentée en une courte phrase, puis il m'a donné la parole. Je remercie le père abbé en lui faisant un *wai* parfaitement maîtrisé et je commence mon exposé.

« Dans mon pays, je suis l'amie des animaux depuis 20 ans. Jamais je ne leur ferais de mal, mais, malgré mon amour pour eux, je me pose une question : est-ce que je pourrais dormir avec un ours toute une nuit ? Qu'en pensez-vous ? »

Tous mes auditeurs se regardent. Ils connaissent l'ours brun qui vit avec eux, en cage, parce qu'il est redoutable. Non... Ce serait trop dangereux, me traduit Tom. Certains rient, se disant que je suis vraiment trop naïve. J'enchaîne sur ce tollé :

« Mais disons que je connais bien cet ours ; je l'ai vu grandir et je pense qu'il va me reconnaître. Je suis comme sa sœur… Je pense que ce serait tellement agréable de dormir avec lui, de caresser sa fourrure, de lui parler… »

La traduction de mes propos déclenche l'hilarité générale. Je pointe alors le doigt vers l'image du tigre : « Et vous, dormiriez-vous avec votre ami tigre ? Croyez-vous qu'il vous connaît aussi bien que moi et mon ours ? »

Ils viennent de comprendre que, si l'ours est dangereux pour moi, le tigre peut l'être pour eux aussi. Une petite lueur d'intérêt vient de s'allumer dans leurs regards.

« Le tigre qui est votre ami et qui se laisse caresser est-il moins tigre parce que vous le connaissez comme un frère ? Croyez-vous qu'il a renoncé à être un félin et que, contrairement à mon ours, il renoncerait à vous dévorer s'il en avait envie ? »

Je passe ensuite aux explications plus didactiques. Qu'est-ce donc qu'un tigre ? Comment est-il marqué par sa génétique ? Quel est son comportement de prédateur ? Comment ses réflexes l'aident-ils à survivre dans la jungle ? J'obtiens leur écoute attentive pendant une dizaine de minutes, puis j'interromps la classe et je leur dis que j'ai une démonstration à leur faire. Tom semble curieux de voir quel lapin je vais sortir de mon chapeau. Je claque des doigts. Le silence est opaque, presque visible à l'œil nu.

Revêtu du t-shirt blanc de Nathalie et de mon short, Bô arrive avec mon sac à dos. Semblant très calme, il s'assoit en lotus devant la classe et redresse la tête. Il dépose le sac devant lui tout doucement, afin que le suspense demeure entier. Quelque chose de vivant est emprisonné dans le sac qui remue. Qu'est-ce que c'est ? Même Tom en oublie de soulever la question de la présence du jeune gardien à mes côtés… Plus tard ! Que va-t-il se passer ici ? Rien à traduire pour le moment ; il est le spectateur que je vais observer en premier. Il me traduit l'esprit du groupe, sans le savoir.

Je m'approche, je place une baguette dans la main de Bô, puis je lui fais signe d'ouvrir le sac. Mes deux petits siamois pointent le bout du nez et sortent. La classe fait ha ! Bô fait un mouvement avec le clicker dans la direction des chats et un son se fait entendre. Clic ! Les chatons se lèvent sur leurs pattes arrière et marchent debout, comme des humains. Plusieurs pas, plusieurs minutes, sans toucher terre avec leurs pattes de devant. Les spectateurs n'en croient pas leurs yeux. Bô baisse la baguette et les chatons redeviennent des quadrupèdes. Bô leur remet une première récompense. Les spectateurs sont subjugués. Le petit gardien est-il devenu magicien ?

« Cela s'appelle du conditionnement positif. Lorsque Bô demande quelque chose à l'un des deux chatons ou aux deux en même temps, ils obéissent parce qu'ils ont compris que c'était agréable et qu'après ils auront une récompense. Ils entendent le son et ils comprennent qu'il s'agit d'une sorte de jeu. Lorsque les animaux connaîtront les mouvements à faire pour plaire à Bô, la récompense deviendra inutile. Ils les referont juste pour le plaisir. »

Bô refait le mouvement et il demande aux chats de danser : ils tournent, bougent les pattes de devant et suivent un rythme imaginaire. Une belle chorégraphie. Puis la récompense vient.

« Je pourrais apprendre à faire cela à tous les animaux qui sont ici. Mêmes les tigres vont aimer cet entraînement positif parce qu'il ne les contraint pas. C'est un jeu qui amène une récompense. Bien que je possède cette baguette qui peut leur apprendre des tas de mouvements, croyez-vous que je dormirais avec un tigre ? »

Les employés ne rient plus de ma question. L'entraînement est utile pour des mouvements précis, mais cela n'a rien à voir avec l'idée du contact non protégé avec un tigre. Ils saisissent la différence. Clairement.

« Demain matin, je vais vous expliquer tout ce que le clicker peut vous permettre de faire. Je vais vous parler aussi de ce qu'il ne pourra jamais faire... Selon vous, qu'est-ce que ma baguette magique ne peut pas faire ? (Silence.) Est-ce que les chats sont encore des chats ? (Silence.) S'ils voient passer une souris, que feront-ils ? (Silence.) Et les tigres... sont-ils toujours des tigres même s'ils sont vos amis ? La suite demain... »

Le premier à applaudir, c'est le père abbé, suivi du battement de mains de tous les autres employés. Ils se lèvent et regagnent leur poste. Je fais mon salut de respect au moine supérieur, dont le visage est plutôt détendu. Oubliant la consigne, je cherche à lire son regard. Sous ses grosses lunettes en corne noire, je devine un certain respect dans ses yeux. Ma première leçon les a impressionnés. Assez pour que le désir d'apprendre puisse germer. Je respire lentement pour calmer la montée d'adrénaline. La menace à ma survie, l'ignorance, va céder, s'éloigner...

* * *

Margarita et Tom nous attendent depuis quelques minutes. Ils discutent avec animation : on dirait qu'ils sont en désaccord, qu'ils s'opposent vigoureusement. Lorsque nous arrivons, ils se taisent, perplexes. Puis Tom nous décrit son point de vue : « Nous avons la confirmation que le tigre est mort. Le gardien de la zone de stockage l'a avoué. Il a caché la cage et a tout replacé pour que rien ne paraisse. Il craignait d'être renvoyé, comme le gamin. On ne sait pas encore ce que le conseil d'administration va dire de son comportement. Nous en parlerons dimanche, lors de la réunion.

— Et qu'en est-il du jeune gardien ? Est-ce que je peux en faire mon assistant ? J'aimerais lui enseigner à faire travailler les animaux, à les préparer à des examens vétérinaires et à des soins ou à les stimuler par le conditionnement positif.

— Là, vous nous avez bien eus... Comment l'avez-vous retrouvé ? demande Margarita.

— En fait, je l'ai trouvé endormi dans la maison, hier soir, en rentrant. Il était épuisé. Ses blessures étaient douloureuses, infectées. Nous l'avons soigné, puis, même si je ne parle pas le thaïlandais, je lui ai montré comment se servir du clicker avec les chats. Il est très intelligent. Il a appris en un rien de temps.

— Sa chance à lui, c'est de vous avoir rencontrée sur sa route... ajoute lentement Tom. La vôtre, c'est d'avoir su nous démontrer qu'il peut faire autre chose que de garder un tigre. Mais la question que vous posez ne relève pas de notre décision. Prenez donc patience. Dans ce cas, la réponse viendra du père abbé et de personne d'autre. Patientez...

— Alors, je vais poursuivre mon travail aujourd'hui et il va m'accompagner. J'assure sa protection jusqu'à ce que vous soyez fixés sur son avenir. Revenons sur la première leçon, avez-vous des commentaires ? »

Tom et Margarita se regardent. Ni l'un ni l'autre n'ouvre la bouche. Ils ont observé les effets de ma démonstration, mais ils ne veulent ni approuver ni critiquer. Pourquoi ? Est-ce que la connaissance rendrait muet ?

« Nous avons à combattre une sorte de peur, avoue Margarita en cherchant comment me traduire son sentiment. Ce que vous allez nous apprendre nous rendra responsables de la suite des événements. Et cette responsabilité nous effraie... elle va changer un certain nombre de choses qui, jusqu'ici, étaient la norme. Vous allez repartir et nous laisser ensuite avec, dans notre conscience, le sentiment que ce qui était avant vous n'est plus acceptable et que ce que vous avez touché du doigt doit être transformé. Comment approcher un tel bouleversement ? L'équilibre actuel a-t-il vraiment besoin d'être modifié ? Nous souhaitons des mesures simples... N'est-ce pas votre intention cachée que de nous américaniser ? Comment réagir ? Vous nous ouvrez une porte tellement... différente. Croyez-vous que cela soit compatible avec notre culture ? Comment vivre cette transition, je l'ignore... »

La franchise de sa réaction me touche. Je refuse en effet d'appliquer des mesures simplement cosmétiques, juste pour faire taire les détracteurs. Je veux que les animaux vivent heureux d'abord et avant tout. J'ai donc fait le bon choix en créant une classe collective, car maintenant tout le monde a vu la même chose. Impossible pour quelques élites de faire disparaître ces idées en les balayant sous le tapis. Il me faut simplement les guider dans cette étape de redéfinition. Ils ne voient pas la réalité actualisée, mais ils s'attachent plutôt à une photo figée... Or, la vie implique le changement, tout le temps, sans quoi le décalage devient un danger.

« Soyez rassurés sur mes intentions. Je vais faire de l'enseignement tout en vous démontrant ce qu'il faudrait améliorer graduellement, dans le respect de votre culture. Pour nous entraîner un peu... pour mettre en pratique la connaissance, j'aimerais parler de votre léopard. »

Tom et Margarita laissent tomber les principes, ces barrières invisibles qui freinent le changement, pour se concentrer sur le cas numéro un de mon intervention. Il faut améliorer la qualité de l'habitat de cette belle femelle.

« J'ai examiné cet animal hier et je voudrais que l'on double son espace. Il faut aussi lui faire un abri digne de ce nom et enlever le vieux frigo. Il lui faut de l'eau tous les jours et quelque chose pour l'occuper. Elle ne peut pas vivre comme ça, à tracer des huit toute la journée. Ce n'est pas une vie de léopard, ça ! »

Il y a des sourires dont j'ignore la cause... un moment du moins. Nathalie s'en inquiète, visiblement craintive que la situation ne se retourne contre moi.

« Savez-vous quel nom porte ce léopard ? Elle s'appelle Pêt. C'est le chiffre 8 en thaïlandais. Voyez comment cela s'écrit », dit Tom en pointant le calendrier où je vois la graphie แปด.

Mon amie Pêt... je ne pourrai jamais dire ce nom sans rire, à mon tour. Je vais plutôt la rebaptiser Zabeth, ma belle et ténébreuse esseulée. Je termine donc la rencontre en indiquant que je vais poursuivre aujourd'hui l'examen des animaux, puis dessiner pour eux la nouvelle zone destinée à Pêt, afin d'en discuter dès le lendemain.

« Je vous sens pressée d'agir. Cette précipitation... Ne croyez pas que nous avons l'autorité de changer quoi que ce soit ici. Honnêtement, ce serait vous faire illusion. Le temps qu'il faudra, nul ne le sait... »

Tom vient de rallumer mon instinct, je redeviens combative:

« Que vous faut-il donc pour vous convaincre que certains changements seront bénéfiques au Temple des Tigres, à son image et surtout à ses principales attractions, les animaux ? Des morts et des blessés ? Des manchettes scandaleuses qui détruisent votre réputation ? J'aime mieux vous prévenir : après moi, le statu quo ne sera pas envisageable. Si les choses ne devaient pas changer, à partir de maintenant, croyez bien que vous auriez en moi la plus féroce des propagandistes. À vous d'y réfléchir ! »

Tom serre les poings, sa mâchoire se crispe et il quitte la salle sans saluer. Margarita reste de marbre. Je referme mon ordinateur, le glisse dans mon sac et j'emboîte le pas à Nathalie, qui s'est mise à transpirer dès que le ton a monté.

« Tu vois bien qu'ils comprennent, mais préfèrent repousser le plus longtemps possible l'idée même du changement. Il faut trouver une approche encore plus coup de poing, un choc silencieux, intérieur, qui leur permettra de sentir que culture bouddhiste et changement ne sont pas en opposition », commente Nathalie.

Elle a raison. Mon assistante me rend là un immense service. Sa lucidité m'est précieuse… Je n'ai ouvert qu'une fenêtre et je voudrais que l'on entre dans la maison tout de suite. Mon tempérament bouillant me pousse à l'action, alors qu'eux, ils ne sont pas encore décidés au mouvement. Je dois les amener à avancer jusqu'au seuil… Ensuite, s'ils le souhaitent, je leur ouvrirai toute grande la porte. Et mon petit hamster à idées se remet à tourner dans mon cerveau. Comment les mettre en mode changement ? Sans forcer les choses…

* * *

Bô a appris à dire oui ou non, je suis d'accord, j'ai compris… Son genou commence à guérir et il est admis partout sans menaces verbales. Ses anciens compagnons le taquinent un peu. Il ne répond pas aux taquineries. Il est devenu Bô Magico et moi Teacher. Nous allons visiter le couple de lions qui occupe une cage de béton sur le plateau, là où Jane arrose patiemment ses arbres. Le mâle est grognon ; il n'aime pas les *farang*, les étrangers. Il est à l'affût de nos moindres mouvements. La femelle est plus passive, couchée à même le ciment, le regard éteint. Elle est déprimée… Leur vie ne doit pas être très passionnante, à première vue. Ils cohabitent depuis quatre ans, m'indique la fiche. Ils s'accouplent, mais sans résultat.

Je voudrais bien les faire approcher de la clôture pour voir de près l'état de santé de leur dentition, de leurs oreilles, de leurs yeux… J'aimerais les séparer pour n'en observer qu'un seul à la fois. Le gardien regarde mon geste et, en l'absence d'un interprète, j'essaie de lui demander de faire rentrer l'un des deux dans l'abri du fond. Il va chercher un morceau de poulet bouilli et il le lance de ce côté pour les attirer. Les deux s'y rendent. Le gardien ouvre la première section et il va faire glisser la clôture pour confiner les lions dans cette petite zone où ils vont normalement dormir. Il nous fait signe d'entrer. Nous voilà trois dans la cage. Je m'approche pour voir l'appétit et le rapport de partage de la nourriture entre les deux. La femelle ne mange presque pas. Nathalie prend des notes, mais elle a eu sa leçon, alors elle se tient dans l'allée, loin du danger.

Le manque de stimulus est sans doute le principal problème de ces lions. Leur santé semble assez bonne même s'ils n'ont jamais eu de soins vétérinaires. La femelle trahit une sorte d'apathie. Elle n'a pas le goût de s'affirmer, même face à la nourriture. C'est un indice de fragilité psychologique.

J'ai une intuition… la monotonie du couple devrait être brisée. Si on les séparait pendant quelques jours et qu'on stimulait la femelle, je pense que la relation de couple pourrait se redéfinir… Je propose au gardien d'attirer la femelle dans la cage voisine. Je lui dis que je reviendrai demain pour la voir. Bô essaie de faire comprendre cela au gardien, en thaï… Il tourne le dos aux lions. Le male est à l'affût. La clôture repose sur une sorte de glissière qui est très usée : elle roule facilement, de sorte qu'en posant sa patte sur le rebord le lion la fait glisser de quelques pouces, assez pour que sa tête, en moins d'une seconde, soit à 10 centimètres de Bô. Et le glissement se poursuit, nous exposant tous les trois à la mâchoire très puissante du lion. Je fige sur place. Si l'un de nous bouge, il est cuit !

« Pas de mouvements. Stop ! » dis-je à voix feutrée, pendant que les deux lions reprennent leur place dans la cage. Ils connaissent le gardien. Ne pas les brusquer… Attendre qu'ils se couchent, comme si rien ne se passait.

Nathalie ne sait pas quoi faire. La grille principale n'est pas cadenassée, seul un crochet retient la porte. De l'intérieur, nous ne pouvons donc pas ouvrir… C'est elle qui devra le faire, au moment opportun. Mais elle a les mains qui tremblent et la peur se lit sur son visage. Je lui dis de garder son sang-froid. Le danger, c'est de réveiller l'agressivité des lions : un cri, un mouvement brusque, un événement inhabituel. La femelle vient me lécher le pied, me sentir. Je respire à peine… attentive à ses réactions plus qu'à mes propres craintes. Je n'ai pas une sensation de peur. Je suis juste une curiosité dans la cage d'une espèce antagoniste. La femelle marche autour de moi, jusqu'à ce que je devienne un objet banal, non menaçant ; elle reprend ensuite sa pose allongée, languissante, en attente de quelque chose qui lui ferait plaisir. Heureusement, je ne suis pas cette diversion ! Ça manque de ventilation ici… Je mettrai cela dans mon rapport.

Le mâle s'intéresse à son gardien. Il flaire sa main parce que l'odeur du poulet y est encore présente. Il lèche la main à grands coups de langue, râpant tout ce qui pouvait s'y trouver. Pendant ce temps, Bô se rapproche lentement de la grille, sans précipitation. Puis je m'approche aussi. À mon signal, Nathalie entrouvre la porte et, pour compliquer les choses, les grincements nous percent les tympans… Zut ! Le mâle les a aussi entendus. Il vient vers nous. Bô a le temps de se faufiler et Nathalie referme la porte. Ma respiration est tellement superficielle que je manque d'air. Un vertige…

Nathalie voit bien que je chancelle. Je porte la main à ma tête pour indiquer que je me sens mal. Il fait au moins 45 degrés dans cette cage… J'ai soif, j'ai mal au cœur… Tout devient noir.

* * *

Nathalie est penchée sur moi, tentant de me noyer sous une giclée d'eau. J'ouvre les yeux, à moitié étouffée par cette hydratation forcée.

« Tout va bien ? Tu es saine et sauve. Le gardien t'a prise dans ses bras et est sorti de la cage sans que les lions ne revendiquent de chair fraîche… Respire… Tu as eu un coup de chaleur, je pense. Un peu d'hyperventilation… Enfin, je ne suis pas médecin, mais ça ressemble à ça. À moins que ce ne soit la peur… ou un coup de foudre pour ce beau mâle ! »

Elle réussit à me faire rire. Je commence à reprendre mes esprits. L'eau me fait du bien. J'en prends une bonne gorgée, puis je tente de me lever. Les étourdissements sont disparus. Je me sens mieux. Je m'efforce de respirer en profondeur. Je fais quelques pas. Bô a eu plus peur que moi. Il pensait que j'étais morte.

Je remercie le gardien. Je lui explique que je reviendrai demain. Il semble avoir compris ma demande, plus gestuelle que verbale. Je lui dois une fière chandelle… Le léger vent de l'est me fait du bien. Je me sens un peu gênée d'avoir perdu conscience. Mes origines nordiques ne m'ont pas permis d'expérimenter tant de chaleur et mon corps s'est soustrait à cette pression inhabituelle. Passons à autre chose.

Nous allons maintenant rendre visite à l'ourse, qui vit à l'autre bout de ce plateau, loin des autres spécimens jugés agressifs. L'est-elle aussi ? Nous allons voir.

Je demande à Bô d'aller me chercher un gros melon. Il disparaît comme un éclair. Il comprend de mieux en mieux ce que je dis. La belle ourse est trapue, active, attentive à tout ce qui se passe autour de sa cage. Elle aime le mouvement, l'action ; les êtres humains semblent la fasciner.

« C'est un animal très sociable. Elle nous flaire et ça semble lui faire plaisir. Elle s'agite parce qu'elle aime la présence des gens autour d'elle. Tu sais que les ours sont intelligents. Au zoo de Saint-Félicien, ils en avaient apprivoisé plusieurs, sans même se servir du clicker. Je vais voir comment elle réagit. Avec une tranche de melon, elle va se laisser guider. »

Nathalie me supplie de ne pas m'approcher. Elle craint une autre mésaventure :

« Tu vas me faire mourir de peur... Il n'y a donc rien qui t'arrête ? Tu vois ses griffes. Et sa taille ? Elle mesure au moins 2 mètres, me souffle-t-elle.

— Elle a une bonne bouille... Ses yeux sont pénétrants. Sa vue n'est pas très bonne, comme tous ses congénères, mais son odorat et son ouïe compensent largement. Elle va faire tout ce qu'on lui propose en échange de notre amitié et... de quelque chose de bon. »

Bô revient. Il se met en devoir de découper des tranches de melon puis des pointes. Je lui demande d'approcher. Nous allons cliquer un premier mouvement. Lorsque l'ourse reçoit sa récompense, elle commence à s'amuser. Elle refait le mouvement debout deux fois, trois fois. Bô répète les sons « mam-mam ». Au début, je pense qu'il lui dit que c'est bon. Mais ce n'est pas ça. Est-ce son nom ? Oui !

« Mam-Mam est une ourse magnifique. Elle va servir nos plans... Après les siamois, c'est elle qui sera notre vedette du jour... Demain. »

Pendant une heure, nous entraînons notre amie, puis c'est la pause du repas. Jane se joint à nous et Nathalie lui relate mon « absence temporaire » avec un peu trop de détails à mon goût. La curiosité de Jane est pétillante comme ses yeux. Elle a mille questions pour moi. Bavarde comme je suis, les autres convives doivent très certainement se demander de quoi nous parlons avec autant d'animation. Je me retiens cependant de rire comme j'aime le faire normalement, en me rappelant constamment que nous sommes dans un lieu sacré pour nos hôtes.

« La peur n'était donc pas la cause de ton évanouissement. Que te faut-il donc pour ressentir une peur viscérale, de celles qui nous indiquent précisément que notre vie pourrait s'arrêter là ? Moi, j'ai déjà eu un accident de voiture, et c'est ce que j'ai éprouvé. Est-ce que le fait de connaître les réactions des animaux et leur fonctionnement psychologique ou instinctif t'immunise contre une peur incontrôlable ?

— Un jour, alors que je travaillais dans un zoo du Québec, j'ai eu à côtoyer un magnifique ours polaire qui m'a donné la frousse de ma vie. Si j'ai parfois cru que j'étais invulnérable, cette fois-là, j'avoue que j'ai vu la mort flirter avec moi. La cage de l'ours comportait un premier accès cadenassé et un second avec un cadenas double. Les barreaux de cette deuxième protection étaient plus larges mais, en principe, quand on passait la première porte, on pouvait tenir pour acquis que le deuxième cadenas était bien là et s'avancer davantage sans danger. Première erreur ! Je devais entraîner l'ours au clicker pour qu'il accepte de s'approcher de la barrière et qu'il s'y colle une fesse le temps qu'on lui fasse une piqûre ou une prise de sang. Immobiliser un ours polaire pendant 30 secondes, pour que le vétérinaire effectue son travail, c'est un défi immense... Alors, je me concentrais sur les réactions de l'animal.

— C'est un projet impossible, dit Nathalie. Je ne sais pas si j'oserais faire un tel travail…

— J'ai commencé mon intervention avec une longue tige. Je restais à 60 centimètres de la clôture et j'essayais d'attirer l'ours de plus en plus près avec des récompenses. Il grognait mais, écoutant sa gourmandise, il revenait, gobait la récompense, puis s'éloignait en me défiant du regard. Les ours sont très indépendants. Ils n'ont pas de prédateurs… mis à part les humains. L'autre menace à leur survie est le réchauffement climatique. L'ours m'a fait face plusieurs fois pour avoir son poisson. Cependant, mon défi, c'était de faire en sorte qu'il se retourne. Pour y arriver, je devais déposer le poisson plus loin, lorsque l'ours était près de la grille. Je persévérais lorsque, en levant les yeux, j'ai vu que le cadenas qui devait retenir la barrière n'était pas là… Le gardien l'avait laissé accroché, pendant, sur le carrelage. La grille allait s'ouvrir dès que l'ours pousserait dessus. Le choc a été total. J'ai mesuré le danger en une fraction de seconde. L'ours est revenu vers moi pour voir si j'avais une autre récompense pour lui. Sa patte a touché la barrière… qui s'est ouverte légèrement. J'aurais dû reculer pour garder une distance entre l'ours et moi ou pousser sur la clôture pour l'empêcher de s'ouvrir… Il a attendu ma réaction. Il m'a mise au défi. L'autre barrière, celle qui était derrière moi, était cadenassée. J'étais piégée. La loi de la nature allait décider de mon sort. »

Mes interlocutrices sont bouche bée et en oublient de finir leur riz au curry. Évidemment, si je suis là, c'est que l'histoire s'est conclue à mon avantage… Sinon ?

« Mon taux d'adrénaline a fait un bond phénoménal. J'étais paralysée physiquement, mon cœur s'emballait et ma tête bouillonnait. "Tu dois réagir… Respire… Trouve la solution…" Mes bras n'obéissaient plus à mon cerveau. "Il attend le poisson… Lance un poisson assez loin pour que tu puisses te retourner", me commandait cet instinct de survie qui veille sur nous. Il y avait deux Jacinthe : l'une voyait la mort blanche s'approcher, affamée et implacable ; l'autre avançait une solution peut-être bonne, peut-être inutile. Je me suis vue morte, démembrée, toute en sang entre les mâchoires de l'ours blanc souillé de rouge. C'était le scénario de ma mort, j'en étais alors sûre. C'est ce qui m'a secouée. J'ai pris une bonne inspiration et je me suis concentrée sur le cadenas. "Reste calme, sinon…" L'ours voulait le poisson, et sa grosse patte poussait la grille, ce qui le rapprochait de plus en plus de sa récompense. Alors, j'ai pris deux poissons et je les ai lancés de toutes mes forces. J'ai cliqué son mouvement et il est allé les chercher… Je me suis dirigée vers la première porte et j'ai ouvert le cadenas en tremblant. Sans me retourner, je suis sortie… morte de peur et aussi blanche que l'ours qui me regardait en revenant vers moi. Il aimait bien mon jeu… Moi, je n'avais plus du tout envie de jouer…

— Est-ce que cette frousse t'a servi de leçon ? me demande Nathalie, qui me trouve toujours trop téméraire.

— J'ai réalisé que ma vie tenait à bien peu de chose : une réaction, parfois, quand on a le privilège de bouger… Sinon, on est dans le noir total et on n'a pas la possibilité de tourner la dernière scène une deuxième fois. J'admets que par la suite j'ai été longtemps craintive devant cet ours polaire. Tout ce qui était imprévisible me rendait nerveuse. Les animaux sentent cette tension. Ils flairent nos peurs. Alors, j'ai travaillé avec ma psy pour dénouer cette situation, car je n'aurais plus été en mesure de faire mon travail. J'y suis arrivée. Vous ne me croirez pas si je vous dis comment… C'est une confidence que je n'ai d'ailleurs jamais faite à personne… »

La belle Jane me fait un clin d'œil amusé et ajoute simplement : « Jusqu'ici... » Nos rires résonnent à l'unisson. Les Thaïlandais ont terminé leur repas et il ne reste que quelques personnes dans la *sala*. « C'est un vrai roman, ton histoire... Tu nous fais languir ! La suite ce soir, j'espère », conclut Nathalie sur un ton de réprimande amusée.

Pour nous rendre dans la zone de Zabeth, nous passons par la ferme, l'immense plaine qui m'avait tellement impressionnée le premier matin de mon séjour. Bô nous guide entre les petits clans qui se forment ici et là. Toutes les espèces cohabitent dans une sorte d'arche de Noé anarchique. Un gros cochon boite en grognant son malheur : il traîne derrière lui une patte à moitié décomposée par la vermine. Il fait peine à voir.

« Pourquoi laissent-ils souffrir cet animal sans mettre fin à son calvaire ?... Il aurait dû être traité bien avant... De toute évidence, il va mourir dans d'atroces souffrances... »

Nathalie en a la nausée... Il se décompose vivant ; les vers le rongent. Elle se demande ce qu'il faut faire. Je n'ai pas de réponse.

Il semble que les bouddhistes ne peuvent pas eux-mêmes tuer les animaux qu'ils vont manger, car cela contredit les enseignements du maître Bouddha. C'est Jane qui m'a expliqué tout cela. Ils sont les gardiens de la vie et, pour se nourrir, ils ne peuvent tuer un animal. Ils ont donc demandé à un fermier non bouddhiste de procéder à de l'abattage et de faire de la livraison pour eux. Toute la viande consommée ici a donc été « sacrifiée » en dehors du Temple des Tigres.

Pour nous, c'est un écran de fumée qui ne leurre personne, mais qui semble plaire à Bouddha, puisque les offrandes animales sont très prisées. Sur les petits hôtels des esprits qu'on voit à l'entrée de chaque maison, les croyants déposent leurs offrandes du jour, tôt le matin, pour que la chance demeure avec eux, en concordance avec les esprits de leurs ancêtres... C'est un rituel qui semble insolite, alors que tant de personnes meurent de faim dans ce pays. Parfois, il y a un poulet cru, un bol de riz, des boissons gazeuses ouvertes avec la paille... À la nuit tombée, la nourriture est à moitié noircie à cause de la chaleur et des mouches... Elle va droit à la poubelle. Le lendemain, Bouddha recevra à nouveau son lunch... La prospérité est la réponse des esprits, elle récompense les donateurs d'offrandes à Bouddha et à ses figures mythiques. Les croyants ne prient pas comme tel, ils ne demandent rien de précis. Ils achètent des mérites afin que leur vie soit bonne, leur karma supportable, leurs affaires prospères, leur future réincarnation légère.

Plus loin, il y a une belle vache qui se tient la tête penchée: elle a une grosse masse à la base d'une corne, près de l'oreille. Une excroissance qui peut être une tumeur, une infection non traitée qui continue de faire des dommages. Le cerveau doit déjà être menacé. Elle va bientôt perdre son sens de l'équilibre et ne pourra plus se lever, marcher, se nourrir... Un vétérinaire pourrait diagnostiquer la maladie et traiter l'animal. Impuissante, la bête lutte seule contre la maladie. Sa mort annoncée ne semble toucher personne. Pourquoi n'est-ce pas elle qui s'est retrouvée à l'abattoir la semaine dernière? Sa souffrance aurait été abrégée et sa chair utile. Je cherche la logique de cette façon de gérer les besoins, la manière de les concilier avec ce qui me semble raisonnable.

« Si je pouvais poser mes questions au père abbé Chan, je lui demanderais pourquoi la souffrance est un concept tellement précieux pour les bouddhistes... Les animaux n'ont pas d'âme et leur élévation spirituelle ne peut être évoquée. Dans notre culture, on accepte d'euthanasier des animaux pour lesquels le diagnostic est irréversible. À quoi cela sert-il de souffrir pendant des jours, des mois, des années ? À quoi rime cette philosophie du martyr ? »

Nathalie abonde dans le même sens, mais, comme moi, elle ne peut avancer la moindre explication logique à ces ambiguïtés culturelles.

Nous arrivons près de la belle Zabeth, qui a flairé notre odeur et nous espère. « Je suis de retour. Comment vas-tu aujourd'hui ? Ta cage sent toujours la pourriture. Comme c'est déprimant ! »

Je sors de mon sac une boîte de Puss'n Boots et je trouve un bout d'assiette cassée. J'y place un peu de nourriture et je glisse le tout sous la clôture, dans un endroit dégagé. Je regarde la femelle léopard venir vers moi. Je fais signe à Bô de la cliquer. Zabeth prend bien son temps ; elle vient lécher la nourriture, puis se met à tracer des huit à proximité de l'assiette. Nous recommençons la mise en scène une deuxième fois. Zabeth répond plus rapidement, avec une confiance plus grande. Nous tentons une troisième approche... Elle mange et nous regarde. Finis, les mouvements d'ennui, de désœuvrement chronique, elle est à l'écoute. Nous pouvons augmenter nos demandes... elle est réceptive.

« Bonne fille ! Tu es parfaite ! On va te faire travailler encore demain, puis après-demain et jusqu'à mon dernier jour ici... Entre-temps, on essaie d'agrandir ton royaume.

— On dirait qu'elle te comprend, ajoute Nathalie. Regarde ses oreilles, ses yeux, elle flaire tes moindres paroles. C'est incroyable. Je vais commencer à penser, moi aussi, que tu sais parler aux animaux ! »

Je lui ai fait une promesse. Il me faut la tenir. Nous nous éloignons un peu de la vieille clôture et observons les alentours. Si l'enclos allait dans cette direction, il y aurait un grand arbre, des bosquets, quelques rochers et des zones d'ombre plus naturelles. Pas la vraie jungle, mais un peu plus complet comme habitat. J'emprunte le carnet de Nathalie et je fais un croquis de l'enclos actuel. Avec des pointillés, j'agrandis le périmètre pour y inclure les éléments d'un environnement agréable. L'abri qui servirait de dortoir pourrait être dans cette zone boisée, adossé au rocher. Le personnel pourrait le construire avant de refaire la clôture. Deux ou trois jours de travaux, et ma belle amie vivrait sur une autre planète.

« Ce que je crains, si je pousse trop, c'est de revivre un peu ce qui m'est arrivé avec Apik-ila, le morse femelle de l'Arctique qu'on avait accueilli à Québec. »

Nathalie ne me connaissait pas alors. Elle m'interroge sur cette expérience afin d'en tirer une leçon qui s'appliquerait ici, en Thaïlande. Nous trouvons une grosse pierre, à l'ombre d'un vieux pipal et, tout en regardant Zabeth, je lui raconte cette anecdote peu commune. Je m'étais tellement attachée à Apik-ila...

« Elle arrivait du Nunavut et avait à peine deux mois : c'était un nourrisson, un bébé de 200 kilos. Le zoo me l'avait confiée dès son arrivée en me demandant d'assurer son acclimatation. Si tu l'avais vue... Elle ressemblait à une larve géante enrobée d'une peau de cuir velu, comme un kiwi qu'on aurait oublié pendant trois mois au réfrigérateur. Sous cette apparence plutôt repoussante, elle était tendre et aimait jouer : c'était une gentille bibitte parmi les plus attachantes qui soient. J'ai appris à la découvrir petit à petit et à lui parler. Savais-tu que les morses ont un système nerveux dans chacune de leurs moustaches ? Elle était extrêmement sensible, ma nouvelle amie, elle pouvait lire du braille avec ses formidables petites antennes ; elle courait très vite sur terre, malgré son poids, et démontrait en prime une sociabilité exceptionnelle.

— Tu lui tenais lieu de famille à toi toute seule ? Est-ce qu'elle t'a adoptée comme nouvelle mère... comme l'avait fait Justine, le bébé lama ? me demande Nathalie.

— Exactement. Les morses ont le sens de la famille ; ils aiment vivre à 30 ou 40 dans un étang ou une baie en bordure de la mer, lorsque la neige a disparu. Je ne sais pas si tu as déjà vu un documentaire sur les colonies de morses, mais c'est toute une communauté. On n'arrive pas à les dénombrer tellement ils sont agglutinés, à 400 bêtes dans un même lieu. Ils aiment les contacts physiques ; ils en ont besoin pour survivre. Apik-ila, ce nom signifie "gentille amie", m'a donc adoptée facilement.

« Elle souffrait tellement de solitude qu'elle ne voulait plus que je la quitte. Pour étudier ses moindres faits et gestes, j'ai décidé de passer la nuit avec elle, dans sa piscine. On était en février et il faisait –30 °C dehors. Je portais une combinaison de plongée, mais au bord du fleuve, c'était réellement glacial. Je la prenais dans mes bras pour me coller à elle, car elle adorait recevoir de gros câlins. Lorsqu'elle se retournait, je craignais toujours qu'elle m'écrase. Je la nourrissais au biberon.

— Mais tu n'avais pas de lait maternel morse à portée de la main... Que buvait-elle ?

— Elle consommait du lait à 40 % de gras qu'on commandait du Texas et qu'on réchauffait avant de le lui faire ingurgiter. À 2 heures du matin, elle avait faim et j'ai dû me dégager pour aller chercher son lait. Elle m'a prise entre ses nageoires et a fait des borborygmes bizarres comme si c'étaient des mots. Elle m'a regardée amoureusement puis s'est rendormie comme un gros bébé repu. Au matin, elle voulait jouer.

« Elle a grandi et s'est développée sous mes yeux. C'est elle qui finalement m'aura fait aimer l'hiver. Après cette immersion, je n'ai plus craint le froid de toute ma vie. C'est autre chose pour la chaleur… Mon système n'est pas encore parfaitement adapté, comme nous l'avons vu ce matin…

— Comment peut-on devenir la meilleure amie d'un morse ? C'est quelque chose d'impensable !

— Ça s'est fait tout doucement. J'ai passé beaucoup de temps avec elle, presque 24 heures sur 24, en fait. Je l'ai entraînée progressivement à se laisser approcher par le vétérinaire, à monter sur la balance pour qu'on puisse suivre l'évolution de sa croissance. Elle traversait sa piscine à la nage, donnait des baisers avec ses nageoires pour montrer qu'elle était contente. Elle réagissait tellement bien au clicker que j'ai découvert avec fierté jusqu'où on peut aller avec cet instrument lorsque l'animal est docile. Je me suis attachée à elle d'une façon inusitée, mon amie Apik-ila ! Aujourd'hui, elle a deux compagnons venus du Nord qui partagent le même espace. Ils sont bien ensemble. Quand je raconte aux gens que j'ai déjà dormi avec un morse, je lis l'étonnement dans leurs yeux. C'est pourtant l'une des plus belles expériences de ma vie. Mais j'ai failli également perdre mon emploi à cause d'elle.

— Pourtant, tu as fait un succès de ta mission, à ce que je peux voir. Qu'est-ce qui a provoqué de l'insatisfaction ? demande Nathalie.

— La directrice du zoo était absente pendant quelques jours, et le personnel voulait procéder au nettoyage de l'aquarium. Une équipe de plongeurs professionnels était habilitée à exécuter cette tâche. J'ai parlé avec eux et je leur ai expliqué que la belle Apik-ila aimait beaucoup le contact avec les gens, qu'elle adorait socialiser… "Vous ne pouvez même pas imaginer à quel point", leur ai-je dit. Je leur ai suggéré de faire l'opération nettoyage sans la sortir de sa piscine, juste pour voir. Les plongeurs ont accepté et sont descendus la rejoindre en costume de plongée, puis ils se sont concentrés sur leur travail.

Ils ont vécu ce jour-là une expérience fabuleuse. La femelle morse les a d'abord regardé faire, puis elle a nagé avec eux. Ensuite la curiosité l'a poussée à s'approcher de plus en plus. Le plus drôle, c'était de la voir s'avancer vers le masque d'un plongeur et se coller la bouche sur le plexiglas, comme une ventouse, pour le voir de près.

— Alors là, tu as créé une interaction spontanée...

— En riant de bon cœur, l'un des plongeurs est remonté à la surface avec le masque de travers et, une fois son équipement replacé, il est retourné sous l'eau pour s'amuser avec Apik-ila. Elle jouait à attraper les palmes des nageurs et les poursuivait en faisant des contorsions. L'un d'eux est allé chercher une caméra sous-marine et a filmé le tout. Pendant une vingtaine de minutes, il a tourné des séquences incroyables. L'opération Apik-ila s'est révélée un succès et les images étaient loufoques, hilarantes, impressionnantes.

— Quelle aventure ! C'est touchant, ton histoire, commente Jane.

— C'était un réel bonheur de voir les plongeurs s'amuser avec elle, la suivre des yeux, la voir stimulée, la laisser s'approcher pour se livrer à une découverte mutuelle, sans malice aucune. Elle ne pouvait même pas mordre puisqu'elle n'avait pas de dents. Il y a eu un attroupement autour de la cage : toutes les équipes se sont approchées pour voir ce qui se passait. C'était magique ! Le travail de nettoyage a été bien fait, mais le jeu a pris une dimension toute spéciale, ce jour-là. Nous nous étions même dit que nous pourrions éventuellement répéter l'expérience devant le public, que ce serait une attraction stupéfiante pour les visiteurs. Mais le plaisir de l'animal n'a pas survécu à l'analyse des risques pour les humains...

— Je ne peux pas imaginer qu'on ait critiqué ton intervention... Tout a bien fonctionné, non ?

— Lorsque la directrice a été informée de cette expérience, elle a jugé que j'avais fait prendre un risque inutile au personnel de plongée. De plus, si par mégarde Apik-ila avait avalé une pièce d'équipement, elle aurait pu mourir sous nos yeux. J'ai été vertement réprimandée et mon contrat aurait pu prendre fin assez abruptement. Même après avoir visionné les images vidéo, la directrice n'a jamais voulu que nous prenions de nouveau ce risque. Avec mes arguments qui soutenaient que l'institution était responsable du bonheur des animaux et non seulement de leur bien-être, je ne l'ai pas convaincue.

— Dommage !

— Cela a bien montré que l'enrichissement, la stimulation sensorielle et le développement du potentiel spécifique de l'animal n'étaient pas une priorité ; par contre, les équipes dédiées à la santé physique étaient surreprésentées. J'ai souvent constaté ce déséquilibre, d'ailleurs.

« Pour apporter un peu de bonheur à la jeune femelle morse, en dépit des avis de la direction, je suis allée acheter un tapis d'auto en caoutchouc avec des pics. Elle a adoré cette sensation de gratter sa bouche et de frotter ses moustaches sur le tapis. Elle était stimulée et aimait fouiller son tapis. La direction a refusé qu'on en fixe quelques-uns au fond de sa piscine, pour des raisons purement esthétiques. J'ai proposé qu'on crée une grosse forme avec des trous assez grands pour qu'elle puisse pointer son nez dedans et aspirer des petits poissons ou des crevettes. Cela aurait été une façon plus naturelle de l'alimenter. Refusé ! Le public aurait très bien compris ce message-là, selon moi. La monotonie était son pire ennemi, si tu vois ce que je veux dire.

« En vieillissant, elle est devenue agressive, ma belle Apik-ila, parce qu'elle manquait de contacts animal et humain. Heureusement, on lui a trouvé deux petits amis…

— Pourquoi les gestionnaires sont-ils aussi réfractaires à des idées toutes simples qui pourraient créer des stimuli et améliorer la qualité de vie animale ? Je ne comprends pas... Ils sont responsables, comme tu dis, de cet aspect...

— J'ai souvent expérimenté l'introduction du jeu dans les habitats des animaux, surtout pour ceux qui sont confinés dans des lieux très étroits en regard de leur vie en milieu naturel. Pour moi, c'est une question de respect de la personnalité de l'animal. J'ai en tête une autre expérience, avec les ours polaires. Ils étaient trois et ils manquaient de stimulations. Ils effectuaient des déplacements obsessifs-compulsifs, comme tracer des huit pendant une partie de la journée parce qu'ils s'ennuyaient. J'ai proposé de leur donner un jouet rigolo : un gros baril bleu qu'on utilise comme flotteur sous les quais. C'était superbe de les voir jeter le baril à l'eau, de le caler d'un coup de patte et de le voir rebondir. Ce jeu les a stimulés et le public trouvait ça drôle.

— Est-ce que l'expérience a été prolongée ? Ce devait être très beau de les voir jouer...

— Quand ils sont en pleine nature, les animaux n'ont que cela pour assurer leur survie, la stimulation. Personne ne les soigne. Alors quand l'humain décide de les sortir de leur milieu naturel, il doit prévoir des environnements qui gardent l'animal alerte, actif, en mesure de se livrer à des activités qui lui apportent du plaisir, de la satisfaction. Une cage de luxe, de la nourriture fournie sans efforts et une équipe de vétérinaires ne lui sauveront pas la vie s'il est déprimé, s'il refuse de s'alimenter, s'il ne veut plus se reproduire. La dépression existe parce que l'animal n'est plus en mesure d'être lui-même. Il ne voit plus de raisons de vivre dans cet univers préfabriqué.

— Être trop interventionniste, comme dans l'exemple des ours polaires, ou pas suffisamment, comme ici, avec le léopard, cela nous renvoie l'image d'humains qui ne sont pas vraiment conscients des caractéristiques de chaque espèce.

— Le monde avance à petits pas. Je me rends compte que, même si les connaissances concernant les animaux ont de meilleures assises, la relation demeure celle d'un dominant envers un dominé. L'homme aime bien tenir la laisse et choisir pour l'animal en lui prêtant des intentions faussées. Nous sommes passés de la crainte des animaux à l'état sauvage à leur exploitation en captivité, et la prochaine étape est celle de leur asservissement à la science de la longévité… humaine. Déjà, des dizaines d'espèces sont menacées par la demande des consommateurs pour des organes ou des propriétés médicinales pas toujours avérées. L'homme prédateur m'inquiète, Nathalie… l'homme qui vampirise tout ce que la terre lui offre comme source d'enrichissement et qui cherche à faire du profit au détriment des autres. C'est assez décevant. »

Les échanges avec mon assistante mettent en lumière une tendance très lourde de conséquences, qui va au-delà de la simple protection de l'environnement. L'interdépendance entre toutes les formes de vie est une idée qui commence à faire son chemin, un cran derrière des débats maintenant plus ouverts sur la pollution de l'air et de l'eau, et l'épuisement des ressources. Lorsqu'une espèce animale ou végétale disparaît, sans bruit, c'est l'équilibre de la planète qui doit amorcer une réaction en cascade pour le maintien des écosystèmes. L'homme est souvent aveugle, sourd et muet face à sa responsabilité de gestionnaire de la planète. Il ne pourra plus encore très longtemps se passer de rendre des comptes. Sera-t-il alors trop tard ? Pour des espèces comme le tigre de Sibérie, dont il ne reste que 40 spécimens à l'échelle de la planète, que signifie le mot « avenir » ?

* * *

Notre amie Jane se prépare à rentrer à Dublin. La veille de son départ, nous demandons une petite exception afin que Tom et Margarita viennent avec nous pour partager un souper d'adieu à l'auberge. Pour une très rare occasion, nous aurons une clé afin d'ouvrir la grille, au retour. C'est d'ailleurs le mari de notre directrice qui s'engage à nous raccompagner.

« Tu vas nous manquer, tu sais, Jane. Ton sens de l'humour et ta curiosité nous ont rapprochées... Tu as toute une habileté peu commune pour faire parler les gens. Nous n'oublierons jamais cette amitié.

— Je vais pouvoir raconter toute mon aventure à mes enfants et à mes petits-enfants. Vous ne savez pas que c'est la plus belle expérience de ma vie, que je viens de vivre ici. Je me sens transformée... Vivre sans meubles, sans confort, regarder les bouddhistes agir, cela m'a révélé un univers que je ne soupçonnais même pas. J'ai beaucoup appris grâce à vous deux aussi, le saviez-vous ? Vos connaissances, votre façon d'aborder les problèmes et votre grande capacité d'adaptation resteront des modèles pour moi.

— Et toi, tu as une patience remarquable : grâce à toi, presque tous tes arbres vont survivre. Je ne peux pas en dire autant de mes tigres...

— De tous mes souvenirs, c'est sans doute la surprise de ta deuxième leçon, lorsque Bô a fait son numéro avec Mam-Mam, qui va rester gravée dans ma mémoire. »

Nous rions à cette évocation, car Bô est devenu un irréductible du clicker. C'est Margarita qui renchérit.

« Lorsque les moines se sont approchés de la cage de l'ourse, ils étaient encore sceptiques. Le premier qui s'est approché, c'est le père abbé Chan. Mam-Mam s'est alors levée sur ses pattes arrière, calme et majestueuse comme une reine. Elle l'a regardé et elle a mis ensemble ses deux pattes avant tout en inclinant la tête. Le *wai* était parfait. Du respect pour notre chef et une reconnaissance à vie pour ton art d'entraîner les animaux. Le salut thaï a pris un sens nouveau, indiquant à tous que tu respectais leur culture tout en voulant faire évoluer les choses. Bô était transfiguré… Il avait les yeux brillants et sa peur des représailles s'était envolée.

— Ma venue ici permettra peut-être de donner une nouvelle image au Temple des Tigres… au profit des animaux, cette fois ! »

Margarita rit de bon cœur à cette précision. Elle sait bien que les donateurs devraient être sensibles à un virage plus respectueux, qu'il faudra définir en s'ouvrant à des changements organisationnels.

« Tom m'a confirmé que vous aurez l'occasion de rencontrer le conseil d'administration dimanche. Jamais je n'ai eu ce privilège, ajoute Margarita. Tant mieux, car j'aurais été terriblement anxieuse de perdre mon poste. Vous avez la carrure, les connaissances et la personnalité pour leur vendre… n'importe quoi !

— Chez nous, il y a une expression qui dit qu'un bon vendeur est celui qui peut vendre un frigo à un Esquimau… Je suis devant un défi semblable !

— Si vous faites la mise en scène des chatons, suivie de la rencontre avec Mam-Mam, je vous prédis un grand succès, affirme Jane en riant.

— Je propose donc de boire à l'amitié ! Au dialogue ! »

* * *

La soirée se prolonge assez tard, alors que nous sentons bien que Jane est en proie à une sorte de nostalgie. Certes, ses proches lui manquent, mais, paradoxalement, elle aimerait que la rencontre avec les deux Canadiennes ne se termine pas encore. Lorsqu'elle regarde l'heure, elle laisse échapper un long soupir.

— Nous devrions aller dormir, mais je ne peux pas m'y résoudre. Tant que je n'ai pas réussi à savoir comment tu t'es débarrassée de ta peur des ours polaires... Cela va m'intriguer pendant au moins deux ou trois ans. »

Je ris de bon cœur à ce rappel. Assises en lotus, le dos appuyé au mur, nous terminons notre dernière bouteille de bière locale. Même après plus de cinq ans, je n'ai qu'à fermer les yeux pour revoir encore clairement le regard noir de mon ours blanc. Il est toujours là, caché dans un coin de mon cerveau. Pour faire plaisir à Jane, je lui révèle quelques-unes de mes réactions, face à la peur.

« Il faut que je vous avoue que ma peur est toujours là. Pendant plusieurs semaines, je rêvais presque tous les soirs à mon ours polaire. Je me réveillais au moment où il me dévorait, je criais à réveiller les morts. J'ai donc décidé d'en parler avec mon amie psy afin de trouver une façon de réagir. Je lui ai exposé mon dilemme : si ma peur grandit, je ne pourrai plus travailler avec les animaux... C'est ma peur ou ma passion. Les deux ne peuvent pas cohabiter en moi. C'est grâce à l'hypnose que j'ai pu reprendre le contrôle de mes émotions et replacer l'expérience de l'ours dans une zone de ma mémoire qui ne me paralyse plus. J'ai revécu la scène, effacé la séquence qui me traumatisait : je n'ai pas été la victime de l'ours, seulement de ma peur, de ma vulnérabilité... L'ours ne m'a rien fait. La réalité de ma peur s'est envolée. Elle était une construction de mon esprit et rien d'autre. Les cauchemars ont cessé par la suite.

— Comment es-tu arrivée à renforcer ta confiance au point d'affronter tous les jours des animaux très féroces et agressifs et à oublier l'épisode de l'ours ? demande Jane.

— En replongeant, en affrontant le défi, en travaillant mon approche : je suis ici, je focalise sur le maintenant et non sur les pensées qui tournent dans ma tête. J'ai canalisé plusieurs expériences positives en mettant au point une sorte de schéma d'intervention. D'abord, j'apprends, je me documente, je veux en savoir le plus possible sur l'animal que je désire rencontrer ; c'est la première base de mon triangle. Tout ce qui passe par la tête me donne confiance grâce au savoir. Ensuite, je m'attache à faire passer toutes ces connaissances jusqu'à mon cœur ; c'est la deuxième assise de mon approche. Si j'aime l'animal, si je peux ressentir de l'empathie pour lui, me mettre sur sa longueur d'onde, ouvrir mon canal à la bonne fréquence, j'ai alors une position stable mais ouverte pour vivre une interaction avec lui. J'en suis là quand je m'approche d'un animal, quel qu'il soit. La troisième assise est le résultat des deux premières : lorsque ma main fait un geste en direction de l'animal avec le clicker, par exemple, c'est le bon geste, exécuté au bon moment et guidé à la fois par la tête et le cœur. Je me concentre sur les trois aspects de mon triangle et, pendant que je vis le renforcement avec l'animal, je suis comme son alter ego, je lui parle, je l'écoute, je socialise avec lui pour que la relation soit positive, respectueuse. Je ne veux pas le dominer, je veux l'aider… Il le sent… il le perçoit et cela lui enlève aussi sa peur. J'ai raffiné cette technique au fil des années. Ma peur et la peur de l'animal n'ont pas à dominer notre relation. Nous essayons de les repousser très loin ; nous favorisons ainsi le plaisir de jouer ensemble, d'avoir des récompenses, de s'apprivoiser comme des amis qui ne seront jamais pareils, mais qui sont capables de partager de très bons moments ensemble.

— Quelle belle philosophie ! ajoute Jane, émue. Vivre la cohérence entre la tête, le cœur et le geste... Merci pour ce témoignage de ta passion. Je ne t'oublierai jamais... »

La discussion se termine par un gros câlin. Les mots ont été dits, compris, et l'heure est venue de tourner cette page. En allant dormir, nous sommes toutes retournées. Le hasard de la vie nous met en contact avec de belles personnes. Jane est l'une de celles-là... Patiemment, elle a donné de l'eau aux arbres et la vie lui a fait le cadeau d'une expérience unique. Rien ne nous arrive inutilement. La difficulté, c'est de lire les messages que la vie nous envoie, de rester réceptif aux autres.

* * *

Les voitures rutilantes des membres du conseil d'administration se suivent, comme une parade de diplomates sans les drapeaux. À leur tête, je repère le colonel, celui qui préside le conseil depuis cinq ans. Il est accompagné de son épouse, une jolie femme dont le sourire est très expressif. Quatre fois par année, la rencontre réunit ainsi les familles de ces décideurs, dans une sorte d'événement social et religieux. Les épouses ne sont pas admises aux discussions, on le devine. Elles se sont donc donné une mission : apporter de la nourriture et la partager avec le personnel. Je les vois vider les coffres des véhicules, coordonner le travail des gens qui vont dresser les tables, ajouter une touche de fête à des plats traditionnels. Elles se connaissent toutes et semblent heureuses de se retrouver.

Pendant ce temps, les messieurs font le tour des installations. Au moment où le militaire en costume d'apparat s'approche de la cage de Mam-Mam en compagnie du père abbé

Chan, celui-ci surveille ses réactions. L'ourse se lève à son arrivée et fait son impeccable *wai*... Le président en redemande. Il est curieux de savoir qui a réussi cet exploit d'entraîner l'ours brun. L'information sur la *teacher* circule alors de rangée en rangée. Deux points à l'ordre du jour des discussions vont nécessiter sa présence. C'est une première...

Tom m'a prévenue de ne pas fixer du regard les membres du conseil et d'attendre qu'on me demande de parler pour répondre.

« Je vous demande de respecter le protocole en sachant très bien que votre tempérament bouillant... est difficilement canalisable. Je ne voudrais pas qu'un affront vous prive de l'écoute de cette assemblée. Vos intentions en souffriraient, croyez-moi.

— Je vais m'en tenir aux consignes. J'ai tout à gagner à me discipliner, n'est-ce pas ? Et puis, vous serez mon interprète. Alors, si je dis un mot que vous jugez inconvenant, vous aurez la chance de rectifier. Cela vous donne le dernier mot, pour une fois ! »

Je tente de le dérider un peu, mais je n'arrive pas à lui faire oublier son stress. Les neuf hommes finissent par traverser la *sala* où Bô fait une démonstration avec ses chatons. Il y a un cercle autour de lui. Les applaudissements lui donnent confiance et, pour étonner les spectateurs, mon jeune élève libère les deux poules qui sont prisonnières de son panier d'osier renversé. Les poules marchent en ligne, dansent, roulent un petit caillou blanc, sautent et battent des ailes en harmonie. En quelques jours, il a fait des progrès remarquables.

Les mimiques amusées ne mentent pas : Bô a conquis les spectateurs. À moi de faire le reste...

Lorsque le père abbé Chan prend place, le président est à sa droite et les autres s'assoient un à un. Tom commande le silence en tapant dans ses mains. Une feuille est remise à chacun. Lorsque mon nom est prononcé, tous lèvent la tête pour me regarder, puis j'entends le nom de Bô. Le reste est en thaïlandais et je n'y comprends pas un mot. Il y a un préambule, puis les discussions commencent. Tom agit comme secrétaire et note les points importants lorsque le président le lui commande. C'est lui qui explique ma présence, à la suite d'une demande de Care for the Wild International. Il explique le contexte et indique à l'assemblée ce que j'ai fait depuis une semaine. Le président m'adresse une première question, en me demandant de me lever pour répondre. Je me sens comme une accusée devant un tribunal... Tom reste de marbre : « Selon vous, pourquoi devrions-nous changer ? »

La question est tellement vaste que je prends le temps de respirer profondément avant d'ouvrir la bouche. Vingt paires d'yeux me torpillent de leurs doutes. Une femme ? Une anarchiste chrétienne, sans doute ? Que connaît-elle de nos coutumes ?

« Je vous remercie de me donner la parole. Je sais que c'est un privilège que de m'adresser à vous. Ce qui m'amène ici, c'est ma passion pour les animaux. Depuis plus de 20 ans, j'apprends à les connaître et, lorsque c'est nécessaire, je tente de les aider à vivre avec humanité. Ici, j'ai trouvé de l'humanité, puisque vous nourrissez et protégez de nombreux animaux. Mais je cherche aussi de la compassion pour ceux que vous gardez ici et qui souffrent ; ceux qui sont malades et ne reçoivent pas de soins ; ceux qui sont exploités à des fins touristiques et n'ont pas de liberté ; ceux qui sont privés d'espace, de stimulation, de qualité de vie. C'est cet aspect de votre organisation qui devrait changer. Mais je sais que je ne peux rien changer par moi-même ici. J'ai plutôt choisi de vous enseigner à mieux connaître les animaux qui sont sous votre garde, dans l'espoir que le fait de les connaître vous rendra plus ouverts à certains changements. »

Un grand silence suit mes paroles. Un des administrateurs lève la main. C'est le plus âgé de tous :

« J'ai vu Mam-Mam... Quelle magie vous a permis de la dresser ainsi ? On dit que vous savez parler aux animaux... Est-ce l'explication ? me demande-t-il d'une voix tremblante. En 80 ans de vie, je n'ai jamais rien vu de tel...

— Je ne suis pas magicienne. Pour entraîner un animal, il faut le respecter. J'ai un grand respect pour chacun des animaux que j'ai la chance de rencontrer. J'utilise un instrument qui s'appelle un clicker pour habituer les animaux à jouer avec moi. Je les observe, je les écoute, je les rassure et, en échange d'une récompense, j'arrive à leur faire réaliser des choses étonnantes. Cela s'appelle du conditionnement positif. C'est ce que tous les parents font lorsqu'ils éduquent leurs enfants. C'est la raison pour laquelle Bô a appris si vite à faire plaisir aux animaux en échange d'un peu de discipline. Il a beaucoup de talent et de la patience, c'est exactement ce qu'il faut pour réussir des trucs impressionnants. Je n'utilise jamais la force ou la contrainte : seulement le clicker et le plaisir de jouer avec l'animal. »

Il y a quelques hochements de tête. Les administrateurs semblent positifs. Alors le président me pousse dans les câbles :

« Les plaintes de nos visiteurs s'accumulent, mais il faut reconnaître que nous avons besoin de leur apport financier pour survivre à notre mission. Ignorer les plaintes ne serait-il pas plus sage ? Nous pourrions aussi planifier une campagne de publicité comme les Américains savent en faire, et cela aurait plus de succès que tout ce que vous pouvez nous proposer. Notre formule demeure intouchable. Notre réputation est planétaire. Votre visite ici pourrait devenir pour nous une occasion favorable. Accepteriez-vous de devenir notre porte-parole et de défendre le Temple des Tigres en notre nom ? »

Mon sang ne fait qu'un tour. Au lieu de changer les choses, on veut prendre un pas d'avance sur la réalité et manipuler l'information en misant sur la crédibilité d'une personne... Mon sens de l'éthique est touché. Tom me regarde avec la crainte que je m'emporte.

« Messieurs, malgré tout le respect que je vous dois, je n'accepterai jamais de devenir complice de certains mauvais traitements que j'ai constatés ici. Ce que je souhaite, c'est que vous preniez des décisions afin d'améliorer le sort des animaux. Oui, vous les protégez, mais ils sont captifs, nourris sans qu'on tienne compte de leurs habitudes alimentaires dans la nature ; ils ne sont pas stimulés ; leurs habitats sont trop exigus ; les soins de santé sont absents ; et, surtout, ils n'ont pas une vie à eux, dans le respect de ce qu'ils sont. Vous les asservissez et vous tirez un profit indu de cette exploitation. Je ne saurais m'associer à une telle attitude, ni publiquement ni autrement. Care for the Wild International n'est pas un paravent derrière lequel on peut jouer la comédie. Je serais la première à dénoncer une telle intention, croyez-moi ! »

Lorsque Tom termine la traduction, le silence retombe, plus lourd. Alors le père abbé Chan prend la parole.

« Nous saluons votre intégrité morale. Notre conseil a longtemps repoussé la pression des critiques, mais, en ce jour, nous devons admettre que le changement s'impose. Aussi serons-nous très attentifs à vos recommandations lorsque, à la fin de votre mission, vous déposerez votre rapport. Si vous avez autant de force de conviction pour nous proposer des changements réalistes que vous avez eu d'intuition pour nous démontrer vos qualités professionnelles, alors peut-être serons-nous des alliés pour un changement dans le respect de notre culture. Merci. »

Son geste indiquait la sortie ; tout avait donc été dit ? Le signal était sans appel. Je devais quitter la salle et laisser les administrateurs débattre entre eux. J'ai fait mon salut et, sur un dernier regard en direction de Tom, j'ai quitté la salle. Avais-je été à la hauteur ?

Pendant que le conseil décide de l'avenir de Bô, je vais le rejoindre, en compagnie de Nathalie. Je lui dis que j'ai perçu une ouverture de la part du père abbé, mais je ne peux mesurer si c'est en façade ou en profondeur. L'épouse du colonel parle un peu l'anglais. Elle se mêle à notre conversation.

« Je vous félicite pour ce que vous avez fait avec l'ours, les chats et les poulets. On pourrait ouvrir un cirque maintenant ! Les enfants sont fascinés par ces trucs, dit-elle.

— C'est le talent de Bô qui fait la différence. Peut-être que votre idée l'intéresserait. »

Alors, elle lui dit ce qu'elle pense et lui demande s'il aimerait avoir un coin juste pour lui lorsque les visiteurs viennent. Il sourit. Ce sourire est typiquement thaïlandais : il est impossible de savoir s'il trouve l'idée séduisante ou si la politesse lui commande de réagir ainsi. Qui sait, peut-être nourrit-il une troisième option, dont il est prématuré pour lui de parler.

Lorsque la réunion se termine, je ne peux retenir mes interrogations. Tom vient me rejoindre, soulagé.

« Les membres du conseil sont maintenant disposés à prendre en compte vos orientations concernant la façon de traiter les animaux. Ils veulent cependant conserver les appuis financiers des visiteurs et des donateurs. Ils espèrent même que le virage du "respect" convaincra de nouveaux mécènes de nous appuyer. Alors, vous pouvez réellement nous conseiller afin que ce virage soit progressif, raisonnable et respectueux tout autant qu'efficace et... lucratif.

— Et pour Bô ?

— Il pourra demeurer au Temple et on va lui proposer de faire sa formation de moine. Il aura ainsi une place pour dormir avec les autres élèves. La cohabitation avec vous se termine dès aujourd'hui. C'était là un point très irritant pour tous. Je vais le lui annoncer tout à l'heure. Le conseil lui accorde cependant la possibilité de demeurer votre élève jusqu'à votre départ. J'ai aussi plaidé pour qu'on lui enseigne l'anglais... J'ai été chargé de cet aspect. Je poursuivrai donc l'enseignement de cette langue avec plaisir.

— Tu deviendras son maître ! J'en suis très heureuse. Il aura un modèle et un protecteur lorsque je serai partie. Bravo !

— Je ne suis pas aussi enthousiaste. La porte du changement n'est pas encore ouverte. Mais les gens consentent à s'en approcher : ils vous font confiance. C'est cela qu'il faut constater. Le reste est affaire de temps et de stratégie. Mais vous pouvez compter sur moi et Margarita.

— Alors, les trois prochaines semaines devraient être plus productives. »

Nathalie me rejoint et partage ma joie. Oui, nous aurons la chance de faire avancer le Temple des Tigres... J'ai un premier courriel à écrire afin de confirmer à Care for the Wild International que la mission peut maintenant commencer... sur des bases positives.

* * *

Après la classe du matin, je demande à Nathalie de produire quelques résumés de nos recherches. Pendant ce temps, je me réfugie sur le rocher qui surplombe le canyon. Il y a là une sorte de promontoire privilégié où je suis venue quelquefois pour réfléchir. Je m'y sens bien : entre les mouvements des humains, la présence des animaux et la liberté de l'espace aérien. Ce lieu rend la créativité possible, cette sorte d'élan qui permet à l'esprit de percevoir une autre réalité des choses. Même si j'ai observé les moines en pleine méditation, je ne pourrais pas utiliser ce mot pour décrire l'exercice que je m'apprête à faire. Ma formule n'a rien de spirituel. Je fais plutôt appel à la visualisation. Je n'arrête pas d'être physiquement ici, mais je voyage en dedans de moi, pendant un moment qui ne se mesure pas vraiment.

J'entre dans ce que j'appelle un instant de paix. Je regarde la vie se dérouler, puis je ferme les yeux et je cesse d'intellectualiser la réalité. Je laisse mon instinct s'ouvrir, comme une fleur intérieure. Mes souvenirs sont des corridors qui m'amènent dans leur galerie, leur refuge à messages. J'ai tout un dédale d'expériences qui s'y est ramifié, dans cette zone très privée de mon jardin.

Je vois arriver ma belle amie lama, qui me regarde avec son air hautain intemporel. « Bonjour, Justine, comment vas-tu ? » Elle me laisse la caresser et je la sens contente. Comme moi, d'ailleurs. Renée, ma psy très perspicace, a émis une hypothèse sur le fait que Justine m'apparaît assez souvent. Elle croit que le destin de Justine était de m'apprendre quelque chose. Ce quelque chose, c'était de prendre le temps de vivre, de profiter de chaque minute, d'être plus calme dans ma façon de gérer mes priorités. Lorsque sa mission a été terminée, elle n'avait plus de raison de vivre et elle est partie. Je n'avais donc pas à me sentir coupable de sa mort. Elle était une messagère, une amie de passage.

« Merci, Justine, je suis devenue une meilleure personne grâce à toi. Ma passion pour les animaux ne pourrait pas s'équilibrer si je refusais de m'arrêter et de comprendre qui je suis. Tu m'aides. Je sais que tu n'aimes pas mon agitation, mes poussées d'adrénaline, mes emportements. Tu es ma sagesse ! »

Je me rends compte avec une conviction de plus en plus grande que tout être humain qui a la chance de s'attacher à un animal en retire quelque chose. Les animaux nous apprennent à être humains. Le plus souvent, ce sont eux les maîtres et nous les élèves.

Plus loin, c'est ma belle dalmatienne Brena que je retrouve. Elle me redonne la fierté de mes 15 ans. Puis le tigre malade que j'ai vu mourir sous mes yeux. « Tu ne seras pas mort en vain, mon vieux. Je vais faire en sorte que les choses changent afin que des sacrifices comme le tien ne se reproduisent plus. » Il se laisse caresser la tête et me regarde avancer. Je suis mon instinct, ma tête accepte les sensations sans les retenir. Je pourrais tout aussi bien être une mante aux ailes souples ou un grand fauve qui déambule sur un tapis de velours. Mon double animal peut prendre n'importe quelle forme.

Plus loin, il y a ma belle tortue, celle qui m'a un jour ouvert les yeux sur les infidélités de mon petit ami de cœur. Elle est fidèle, ma belle Éliza. Elle m'attend toujours avec une curiosité amusante. Sa tête se dresse et elle bouge les yeux pour me dire son plaisir. Je retrouve les chevaux que j'ai aimés, au temps où je vivais sur ma fermette en Mauricie. Ma belle Tulipe morte d'avoir mangé trop de grain. Ce retour dans la conscience animale me ramène à mon travail actuel. « Mes amis, je dois maintenant aider les animaux du Temple des Tigres à obtenir une vie meilleure. Aidez-moi à formuler des demandes positives, respectueuses… Guidez mes choix afin que chaque animal y trouve du plaisir, de la stimulation, du respect. Je voudrais tellement qu'il fasse bon vivre ici, pour chacun… »

Lorsque je rouvre les yeux, je regarde l'immense canyon, j'essaie de superposer aux images qui défilent ce qui pourrait être fait pour améliorer la vie des animaux. Deux visions, maintenant et demain, se précisent. En fait, les tigres ont besoin d'espace, d'arbres, d'eau et de toutes les stimulations qu'ils auraient en pleine nature. Le canyon les enferme dans la chaleur, la poussière, la soumission, alors que, moi, je voudrais les libérer. Il leur faudrait une île, assez grande pour une vingtaine de tigres adultes. Ils pourraient évoluer sans se soumettre aux horaires des touristes. Mon intuition grandit et prend forme. L'île pourrait être implantée de l'autre côté du parc à foin. Une tranchée remplie d'eau l'encercle ; frontière naturelle vivante. Les visiteurs peuvent se poster tout autour pour voir évoluer les félins librement. C'est un microcosme, un observatoire, une oasis dans la jungle. Des abris pour le repos, à l'ombre des arbres ; des proies vivantes qui leur permettent de chasser, de rester alertes ; et, évidemment, des soins vétérinaires réguliers.

Ma petite voix intérieure me rappelle que le public veut toucher aux tigres, les prendre en photo. L'aspect de ce contact peut-il être préservé ? Est-ce dans la nature du tigre de vivre cela ? Entre les moines et les tigres, cette familiarité peut subsister sans que cela soit de l'exploitation. Les touristes aimeraient-ils partager cet instant d'intimité matinale ? Si l'on renforçait la valeur de cette expérience, comme un privilège, certains visiteurs accepteraient peut-être de payer davantage pour vivre cette interaction pacifiste, cette spiritualité bouddhiste en action ?

Imaginons que la marche avec les tigres entre 9 heures et 10 heures le matin se fasse avec les tigres les plus âgés, ceux qui auraient de la difficulté à reprendre une vie normale sur l'île... Quatre ou cinq spécimens seulement avec la relation de confiance en premier plan et non le côté exotique abusif. La prise de photos ou le tournage de courtes séquences sur vidéo se fait dans un contexte zen, par petits groupes, dix par matin... Le climat de confiance ne serait pas perturbé et la valeur de cette expérience attirerait des amis conscients des réalités animales, des personnes respectueuses aussi de la philosophie thaïe. Un privilège unique au monde ! Un certificat d'écolo-vigie en prime. Un forfait de proximité à 100 $ l'heure, pour financer les travaux d'aménagement de l'île.

Le grand public, celui qui arrive en bus pour une aventure de deux heures, pourrait faire le tour de l'île, visiter les autres habitats, assister à quelques prestations de conditionnement de Bô et faire l'acquisition de photos et de vidéos qui expliquent l'importance de garder les tigres dans un écosystème ouvert, afin de respecter ce qu'ils sont. Le grand frisson devient la prise de conscience, avec un objectif de 500 éveils, 500 regards à changer chaque jour !

Évidemment, l'industrie touristique réagira. Le site Internet et l'information publicitaire devraient être axés davantage sur la nouvelle vision du Temple des Tigres en expliquant le virage « respect et survie ». De plus, il faut du temps et des capitaux pour construire ce nouvel espace. L'île des tigres est un projet d'envergure. Plusieurs partenaires pourraient s'y associer, certains parce que cela rehaussera leur image et la plupart avec des intentions pro-animales.

J'imagine un grand enclos pour la femelle léopard ; le couple de lions pourrait retrouver le goût de procréer si on le stimulait ; la belle ourse aurait peut-être un compagnon de vie ; et Bô pourrait les accompagner, leur enseigner des trucs qui vont dans le sens de leurs capacités, de leurs spécificités. Non seulement on verrait le public repartir en comprenant mieux les besoins et les limites de chaque espèce, mais les gens auraient le sentiment d'une forme de responsabilisation des humains dans la préservation d'une vie animale respectueuse. On pourrait faire une place aux espèces menacées : ici en Asie, elles sont malheureusement trop nombreuses.

Oui, ma vision de ce que peut devenir le Temple des Tigres serait viable. Les publics se diviseront en deux groupes et les deux missions deviendront complémentaires. La culture de la protection prendra même un sens beaucoup plus concret. Que Bouddha m'entende !

Au cours des jours qui suivent, je donne mes classes matinales, puis j'aide Bô à travailler pendant une heure. Ensuite, je me retrouve à l'accueil où, attablée avec Nathalie, je décris, je formule, je dessine le nouveau visage du Temple des Tigres. Dans cinq ans, il y aura ici une toute nouvelle énergie… À tour de rôle, Tom et Margarita viennent discuter des contraintes, donner leur point de vue, cerner des obligations non négligeables.

Le lundi de ma troisième semaine, lorsque j'approche de l'enclos de ma belle femelle léopard, je vois qu'un petit groupe s'est mis à l'œuvre pour couler une structure de béton, en prévision de l'agrandissement de son territoire. Elle me reconnaît, maintenant, lorsque je me pointe à l'angle du sentier. J'ai une petite boîte de nourriture pour chat dans ma poche. Zabeth est réceptive et enjouée. Ses messages corporels expriment moins de solitude. Elle a quelque chose d'agréable à faire, de temps à autre.

« Quel est donc ton plus grand problème, aujourd'hui ? Je veux bien être ton amie mais… si tu avais un compagnon digne de toi, un beau mâle qui te séduirait et t'entourerait ? À moins que tu aimes cette liberté qui est la tienne ? La vie à deux, la famille, c'est parfois compliqué. Moi, j'aime les deux, me crois-tu ? J'ai deux enfants magnifiques, et ils font mon bonheur. Mais je ne peux pas accepter de porter des chaînes. J'ai besoin de prendre mon envol sans laisser mon cœur derrière moi. Un couple de nomades, c'est mon idéal. Mais la maternité, je trouve que c'est tellement puissant, révélateur, valorisant aussi. Toi, aimerais-tu devenir maman ? Viens, ma belle, confie-moi tes projets d'avenir… Je t'écoute. »

Après trois jours de travaux, la niche de Zabeth a pris forme. Une grande caverne avec des chambres, des allées, des cachettes qu'on a peintes et meublées d'accessoires végétaux et minéraux. Ce sera tellement plus confortable que le vieux réfrigérateur. Le vendredi, les clôtures se mettent en place et le léopard peut explorer sa nouvelle zone d'action. La viande bouillie demeure présente, mais on y ajoute à l'occasion des restes d'abattages que la féline peut gruger. Une nouvelle activité ludique pour celle qui a cessé de tourner en rond.

En rentrant le vendredi, à quatre jours de mon départ, Tom me rejoint à la course. « Votre concept devient de plus en plus cohérent… Et j'ai une bonne nouvelle. Le père abbé Chan veut vous rencontrer lundi après-midi, en privé. C'est prometteur, ne trouvez-vous pas ? »

Depuis le temps que j'accumule les questions qui restent sans réponses… La rencontre de la dernière chance sera donc possible. Je désespérais de trouver grâce à ses yeux. Du coup, ma confiance en moi s'en voit rehaussée.

« Il a su cultiver ma patience : trois semaines à me regarder, sans jamais me donner la moindre attention directe. Dans mon pays, je me sentirais une moins que rien. Mais je suis assez fière que cette rencontre se produise enfin. Je vous promets de rester humble et respectueuse. J'ai beaucoup appris depuis mon arrivée. »

Tom sourit avec plus de sympathie. Il semble content de cette ouverture. Déjà, la perspective du départ lui fait craindre pour la suite.

« Je m'inquiète, vous savez. Qui va prendre en charge cette transformation ? Comment trouver les fonds requis ? À quel rythme la philosophie de protection des espèces va-t-elle se frayer un chemin dans la culture bouddhiste ? Qui va nourrir l'intérêt du conseil et combattre l'inertie, une fois la comète Jacinthe repartie en orbite ?

— Je crois que vous avez tout ce qu'il faut pour réussir. Si le père abbé est réellement touché par la nouvelle formule, l'opinion publique vous aidera à progresser au lieu de vous mettre des bâtons dans les roues. Il faut vous en servir comme d'un levier. Critiquer sans agir ne saurait être une attitude cohérente. »

Tom a peur de sortir de sa zone de confort... C'est cela ton défi, mon vieux ! Tu vas apprendre à faire face à la musique : heureusement, tu n'es pas le seul à vouloir faire partie de la solution.

* * *

Le hamster de mon cerveau n'a pas cessé de tourner de toute la nuit. J'ai essayé la visualisation pour me calmer, mais après un moment de paix, il est revenu. Je me fais donc un portrait mental de ce que je voudrais dire au chef spirituel. Je pense utile : impressions, bilans, arguments, etc.

Je m'occupe des tigreaux qui sont forcés de vivre sous la chaleur, de se laisser manipuler par des humains en quête d'une photo statique. Je me sens responsable de faire en sorte que les choses évoluent : ils n'apprennent pas à être des tigres, à exprimer leur instinct, à stimuler leur intelligence.

Ils n'ont aucun plaisir à vivre, sauf lorsqu'ils peuvent jouer entre eux.

Mon approche est donc d'inciter les moines à revoir leurs pratiques globales. Il leur faudra une année, deux peut-être, pour faire changer les choses s'ils s'engagent dans cette voie. Lorsque je caresse un jeune tigre qui ronronne – je n'ai pas pu résister, moi non plus, à cette impulsion affective –, je me redis que les humains abusent trop souvent de ce désir de considérer l'animal comme un objet de luxe, de plaisir, de caprice. On aime le flatter, le cajoler, le retenir dans nos bras même s'il réclame plutôt de la liberté. Aimer les animaux, c'est apprendre à respecter leur nature. Les asservir n'est que pur égoïsme.

J'ouvre les yeux sur la menace qui pèse sur les populations de tigres un peu partout dans le monde. Les Chinois, entre autres peuples, sont des prédateurs insatiables face aux tigres : ils les chassent et les tuent sans merci pour commercialiser certaines de leurs propriétés aphrodisiaques. Ils les ont tellement chassés clandestinement que plusieurs espèces autrefois prolifiques sont actuellement menacées d'extinction ou carrément disparues. L'éducation populaire est un objectif vraiment difficile à mettre en place dans un pays où même les droits de l'homme ne sont pas encore reconnus. Chose certaine, la prédation chinoise doit cesser !

Heureusement, les Thaïlandais ont un respect culturel et spirituel des animaux, ce qui est positif mais n'excuse pas certaines de leurs pratiques, malgré tout. Les félins ont besoin de la protection humaine pour survivre et conserver un équilibre dans la nature.

Les moines m'ont laissé une impression trouble : je croyais qu'ils étaient parfaits. Ils sont un peu misogynes, très conservateurs et peu informés malgré leur réputation de sagesse et de détachement. Leur attitude face aux animaux demeure en partie un mystère. Ils ne leur appartiennent pas, ils sont des créatures de l'univers qu'ils ont l'obligation de traiter avec respect. Ici, personne ne possède un animal, ce qui a de bons et de moins bons côtés... Qui les défend ? Qui les soigne ? Leur principe de laisser faire la nature devient aussi une aberration, comme dans le cas du pauvre cochon, de la vache et du tigre, tous malades. Soigner et protéger ne sont-ils pas complémentaires ?

Alors que ce stage s'achève, après que j'ai réussi des interventions directes et sachant que les entraîneurs ont appris quelques notions de base – ce qui est déjà un effet bénéfique –, je me demande ce qu'il restera de ma venue ici. Les plaintes des visiteurs auront-elles été à la base d'un réel changement ?

La journée passe au ralenti, en ce lundi qui annonce la fin de mon aventure. Le ciel est plus sombre qu'à l'habitude. On dirait qu'il va pleuvoir. Mauvais présage ? Nathalie me sourit, confiante. L'heure arrive. Je suis nerveuse. Je tracerais des huit si personne ne m'observait.

* * *

Il est assis, calme, son esprit erre dans la *sala*, entre les bâtons d'encens et les arbres à offrandes. Je fais mon *wai* et il m'invite à m'asseoir. Il lève sur moi des yeux bruns remplis de compassion. J'en oublie ses grosses lunettes et son air mystique. Pour la première fois, je vois qu'il regarde les gens, qu'il voit l'intérieur plutôt que la façade. Ses mains déposées en *mudra*, il me laisse réunir mes pensées. Je me calme enfin.

« Je suis reconnaissant à Care for the Wild International de vous avoir désignée pour cette mission délicate. Une autre personne n'aurait sans doute pas su trouver le chemin de notre culture. Vous menez un dur combat face à l'humanité.

Vous portez une très lourde mission sur vos épaules. Défendre les animaux n'est rien en comparaison du défi réel qui vous attend : faire changer, influencer les attitudes humaines.

— Je ne suis pas seule à vouloir que les choses changent. La planète crie au secours et personne ne répond à ses avertissements ! Mon action est modeste, mais je ne pourrais me regarder dans un miroir, chaque matin, si je baissais les bras.

— Je vous ai vue refréner une colère, un éclat de tonnerre, un désir foudroyant de lutter contre ce qui vous apparaît intolérable. Nous sommes trop tolérants, à vos yeux. Notre pensée est pleine d'incohérences.

— Pourquoi laissez-vous souffrir des animaux, vous qui avez tant de compassion ? Je n'arrive pas à comprendre... même après un mois. »

Il réfléchit un long moment et il me dit d'une voix profonde, comme si elle venait d'une autre époque : « Qui sommes-nous pour décider de la vie ou de la mort d'un animal ? »

Sa question me transperce. Nous euthanasions des animaux à raison de 2000 par minute dans le monde ! Notre argument est de ne pas les laisser souffrir. Il me répond sans que j'aie prononcé un seul mot.

« La souffrance fait partie du karma. Chaque être vivant a un karma. L'homme n'y est pour rien. Il n'est pas le maître de l'univers. C'est pure prétention que de choisir pour les autres créatures vivantes – dont les animaux, les végétaux, les minéraux – entre la vie et la mort. Qui êtes-vous, vous, pour décider de la vie ou de la mort ? Votre éducation, toutes vos connaissances, vos principes de vie ne sont qu'une goutte d'eau dans l'univers. Un ego de grain de sable. Le maître de la vie, ce n'est pas moi, vous ou quiconque se prétend meilleur. La vie est réglée par des lois qui ne doivent pas être manipulées par l'homme, fût-il le plus sage d'entre tous. »

Je bois cette leçon sans y ajouter quoi que ce soit. Le père abbé me ramène à la modestie, il me demande de rester dans l'action mais loin de la prétention. Il m'assure que mes constats ont été pris en compte. Le mouvement qui suivra sera influencé par ma venue, par ma vision d'un avenir plus respectueux. Mon grain de sable s'inscrira dans la réalité de cet engrenage que personne ne contrôle vraiment. L'ignorance et le mensonge ont fait place à un désir. C'est maintenant sur ce désir que nos actions vont se concentrer, ajoute-t-il, comme un pied qui se soulève, se déplace et se pose en avant, soulevant de la poussière mais permettant de sortir d'un lieu pour passer à un autre.

La conversation devient un enseignement. Une heure de ma vie. Des mots qui se sont imprimés dans mon cerveau.

* * *

Je suis revenue au Québec avec la sensation de déchirement que cette conversation a suscitée en moi. Était-ce simplement le signe d'une différence culturelle ou y avait-il une part de vérité dans son message ? Je me suis remise en question pendant des mois après ce voyage. Devant un animal agressif ou malade, je ne pouvais m'empêcher d'entendre la voix caverneuse du moine me dire : « Qui es-tu… ? » Mon rapport de mission a été percutant, porteur de solutions réelles ; mon retour, lui, est marqué par une foule de nouveaux défis. Ce qui m'émeut encore, en revivant cette mission, c'est de penser que Bô continue d'apprendre, lui qui était condamné si injustement. Voilà ma plus belle récompense ! Mon ego n'y est pour rien… J'étais juste là au bon moment.

CHAPITRE 4

La compassion

La forêt boréale frémit. Les chants des oiseaux se taisent ; les feuilles des arbres ne frissonnent plus. Le vent retient son souffle. Je suis seule devant ce mur de muscles, entêté, monumental. L'éléphant me défie. Cette magnifique femelle refuse de marcher. La randonnée matinale, calme jusque-là, avec une dizaine de stagiaires, se passait dans l'harmonie. Puis, Baba s'arrête, se retourne, me cible. Je marchais près de son entraîneur, Joey. Je riais avec lui, je lui ai touché le bras, en le taquinant... Nous étions épaule contre épaule lorsqu'elle s'est retournée, me faisant face de ses deux tonnes d'énergie latente. Un coup de tonnerre sort de sa trompe. Cette force de la nature gronde sa colère.

Sa hargne s'exprime, colossale. Elle balance sa trompe de droite à gauche, ses pattes se soulèvent à tour de rôle, son front est devenu un blindé de métal et ses oreilles battent méchamment l'air. Elle barrit contre moi. Une pluie de récriminations résonne à mes oreilles.

« Je n'aurais pas dû toucher à ton ami... Tu es fâchée ? »

Alerte ! Mon équipe est en danger. Sauve qui peut !

« Éloignez-vous ! Mettez-vous à l'abri... Je vais régler ça ! »

Je dois rester calme. Si je me tourne, elle va charger. Mes jeunes stagiaires, cachés derrière des arbres qui ne pèsent rien sous le poids du pachyderme, sont vulnérables, surtout à la panique. Je dois garder le contrôle. « Tu es en colère… contre moi ? Qu'est-ce qu'il y a ? As-tu peur de perdre ton meilleur ami ? »

Je pourrais m'en aller. Ma vie n'est-elle pas plus importante que cette conversation ? Mais je reste. Elle me demande clairement de partir, de reculer, de dégager. Elle ne veut plus me voir rôder autour de son maître.

Baba me toise, je ne suis qu'une plume devant elle. Hier encore, je l'ai caressée et elle était pacifique. Sa colère est cependant bien réelle, à cette minute. Mon amie Andrée, qui me guide en matière de psychologie animalière, m'a déjà dit que les animaux éprouvaient de la jalousie, comme les humains. Peut-elle s'être attachée à Joey comme à un partenaire exclusif ?

Elle gémit de dépit, d'impatience et de méchanceté, comme pour me dire : « Toi, je ne veux plus te voir aux côtés de mon maître. Il est à moi, tu entends ? » Je décide donc de lui expliquer mon point de vue. Je m'avance d'un pas tout en lui traduisant mes sentiments envers Joey. « C'est un copain, je jouais avec lui, je ne vais pas te le prendre. Il faut te calmer maintenant… »

Baba piaffe encore, mais elle n'a pas bougé de sa place. Elle me regarde approcher. Je fixe son regard et je lui parle : « On va rester des amies, toi et moi… Personne ne va se mettre entre toi et ton maître. Pourquoi as-tu si peur ? » J'écoute non seulement avec mes oreilles, mais je sens les vibrations de ma belle furie qui m'atteignent. Le sol me transmet des ondes. « Mon ancien ami, André, est parti depuis longtemps et il m'a trahie. Je ne veux pas qu'on m'enlève aussi Joey, qui est bon et qui me comprend bien. »

Elle n'a pas fait le deuil d'André, son ancien maître qui est parti dans un autre zoo pour accomplir de nouvelles fonctions. Après son départ, il a fallu beaucoup de persévérance à Joey pour qu'elle l'accepte. Elle a d'abord refusé de manger et de sortir. Peu à peu, à force de patience, il a réussi à gagner sa confiance. Tout le monde croyait que la relation entre Baba et Joey était au beau fixe, depuis quelques semaines.

« André ne t'a pas abandonnée... Il pense encore à toi, même s'il est loin. Joey adore travailler avec toi. Il ne veut pas te déplaire. » Je suis maintenant en mesure de toucher sa trompe, qui vient respirer mon odeur. J'avance ma main doucement. « Fais-moi confiance, ma belle... Je n'ai rien à voir avec Joey. Je suis juste une amie, comme les autres ici. »

Baba se laisse toucher et semble se calmer un peu. Je fais signe à Joey de venir me retrouver. Il s'approche à son tour, avec son bâton. Il touche la tête de Baba et lui demande de mettre un genou par terre. Elle a l'air plus calme et nous regarde tous les deux. Elle semble en pleine réflexion... Lentement, elle plie la patte : Joey monte sur son genou et se hisse sur son dos, comme il le fait souvent. Baba retrouve sa bonne humeur. Son maître lui est revenu. Je caresse sa tête ; elle me regarde maintenant sans animosité.

Après quelques pas, Joey lui demande si elle veut poursuivre la promenade. Elle fait une série de hochements : oui, oui, oui... Alors, il lui demande de faire demi-tour et se met en marche. J'appelle mes stagiaires. Craintifs d'abord, puis revenant de leur stupeur, ils commentent ce qui vient de se passer. L'étonnement succède au choc et à la peur.

« Ouf ! On a eu toute une frousse ! dit l'un d'entre eux. J'ai eu la peur de ma vie !

— Que s'est-il passé ? me demande un autre. Les éléphants sont-ils possessifs à ce point ?

— Ils ont une telle mémoire sensorielle que leur attachement peut se comparer à celui d'un partenaire qui vit en couple. Tous les bons moments partagés se fixent dans leur mémoire et ils ont peur de perdre ce contact privilégié. Lorsqu'ils apprécient une personne, ils lui obéissent sans problème et n'aiment pas que quiconque les détourne de cette attention. Lorsque j'ai touché Joey, pour rire, elle a cru que je le draguais...

— Toute une manifestation de jalousie ! Elle aurait pu t'écraser et nous attaquer aussi. Seul son maître aurait été épargné..., présume une stagiaire. Heureusement que tu as du sang-froid. Moi, ma seule stratégie, c'est la fuite...

— J'ai juste tenté de la comprendre. Elle me disait à quel point elle était malheureuse à l'idée de perdre son maître. Elle voulait être rassurée, écoutée. Lorsque son ancien maître est parti, personne ne lui a expliqué ce qui se passait et elle demeure très fragile. Elle ne veut pas vivre un autre rejet. Je la comprends, la pauvre. Ce n'est pas facile de se faire des amis quand on a son look ! Dire que les filles qui ont cinq kilos de trop désespèrent... »

Ma conclusion provoque le rire, la détente. Le groupe de stagiaires que je reçois cet été est très ouvert à l'idée que l'on peut apprendre à communiquer avec les animaux. Après mes expériences en Thaïlande, mon approche s'est humanisée, elle est moins technique et plus sensorielle. J'ai de la compassion pour les animaux qui souffrent, pas seulement sur le plan physique, mais aussi sur le plan psychologique. Le contact avec Baba vient confirmer cette théorie. L'éléphante est déjà très réceptive à l'entraînement au clicker et elle me connaît bien. Mais elle garde en mémoire le rejet de son ancien maître. Lorsque Joey a réussi à briser sa solitude, elle s'est accrochée à lui et elle l'emprisonne maintenant de sa fausse peur.

« Comment peut-on l'amener à s'ouvrir un peu plus ? Est-ce que cette habitude d'enfermement, qui devient assez agressive, comme nous l'avons vu, peut se soigner ? demande un observateur.

— Nous allons l'amener à accepter plusieurs personnes graduellement, pour qu'elle se sente aimée, entourée. Vous pourrez l'aider en ce sens. Plus elle aura d'amis et moins elle va se concentrer sur Joey. Il faut lui faire plaisir plus souvent et la forcer à socialiser. C'est une thérapie presque humaine… Les animaux sentent notre réceptivité. Il faut lui montrer que personne ici ne lui en veut et que, bien au contraire, nous sommes tous ses amis. »

Nous avons repris la promenade et Baba a marché devant nous sans réticence. Les élèves sont restés un peu méfiants, au début, craignant un brusque revirement de situation. Lorsque Joey est sur son dos, il n'y a rien à craindre. Mais une fois au sol, lorsqu'il est mêlé à d'autres personnes, elle pourrait encore réagir.

L'immersion sociale a eu un effet positif. Par la suite, Baba a mieux toléré le personnel. Son maître a même dû s'absenter pendant un mois et elle n'a pas fait de colère. Lorsqu'il est revenu, elle n'a pas exprimé de frustration envers lui. Elle a continué sa vie d'éléphante sans voir des rivales partout autour d'elle. Mon amie Renée m'a beaucoup encouragée à dialoguer avec les animaux ; cette formule a souvent été utilisée dans des circonstances de tension et de frustration.

Renée poursuit ses recherches en communication animale et, selon moi, elle maîtrise bien les techniques de réceptivité. Dans ma pratique, la méthode de renforcement a donné plusieurs bons résultats. Je n'ai pas eu d'autres échanges avec les éléphants depuis… Comme me l'explique Renée, il s'agit d'un cas unique, d'un sujet unique, d'un contexte unique. Selon elle, le phénomène repose sur une disponibilité mentale, une sorte d'écho à un état de choc. Cela fonctionne parfois, comme avec ma belle amie lama. Dans d'autres circonstances, les résultats ne peuvent pas être mesurables.

« Parler aux animaux, c'est un privilège. Ce n'est pas ta volonté de communiquer qui est en jeu, mais une sorte de chimie entre l'animal qui "t'appelle" et ta disponibilité au moment d'engager la conversation. Les animaux qui souffrent sont plus enclins à communiquer… ils recherchent de la compassion », m'a expliqué Renée.

J'en ai fait l'expérience plusieurs fois. La seule constance que j'y vois, c'est le contexte. Je me trouve en tête-à-tête avec un animal qui souffre sans pouvoir exprimer son besoin. Le canal de communication passe par la colère ou une sorte de refus de vivre, des sentiments qui deviennent ses derniers recours. Je les interprète comme un appel au secours. L'animal émet alors un message que peu d'humains savent décoder. Pourquoi suis-je capable d'entrer dans cet univers mi-animal et mi-humain ? Je cherche depuis longtemps une réponse à cette question, une explication qui calmerait mes doutes. Je me dis chaque fois que la prochaine expérience me donnera peut-être la clé de cette énigme, qui sait ?

* * *

Il y a de ces paroles qui laissent des traces profondes dans ma mémoire. C'est le cas de ce « Qui es-tu pour décider de la vie ou de la mort d'un animal ? » qui revient fréquemment remettre en question mes choix professionnels. J'ai beau retourner le sujet dans tous les sens, jamais je n'arrive à pointer du doigt la réponse absolue. Mon retour de Thaïlande reste teinté par cette interrogation, car le contexte nord-américain m'impose une lecture très différente de mes décisions, notamment en ce qui concerne l'euthanasie pour les animaux qui sont malades.

Les nouvelles expériences me happent à un rythme qui n'a rien à voir avec la vie zen du temple bouddhiste. Je cours après mes heures – la caféine me tient lieu de compagne –, je saute tantôt dans un autobus, tantôt dans un avion, je roule au volant de mon auto en essayant de respecter les limites permises, toujours avide de découvrir ce qui m'attend au prochain détour. Je suis sollicitée de toutes parts, et j'aime vivre à cent à l'heure. Je reçois à cette époque une demande pour donner une conférence auprès des enfants autistes. Le contact avec les animaux demeure, pour plusieurs parents, une avenue à explorer, un espoir. L'aspect qui les intéresse particulièrement : un animal peut-il communiquer à un enfant autiste une sorte de signal qui le rejoint ? Déclencher une interaction ? Je décide de me documenter davantage et, pour y arriver, je me rends au centre de dolphinothérapie le plus réputé des États-Unis pour une semaine d'observation.

La question qui me touche est plus vaste encore : la zoothérapie comporte de nombreux bienfaits pour l'humain, mais est-ce l'animal qui provoque cet effet ou est-il simplement l'intermédiaire, l'instrument, le déclencheur de l'interaction qui amène les personnes malades ou âgées à oublier pour un moment leur propre existence, leur ennui ou leurs déficiences ?

* * *

L'équipe me reçoit à bras ouverts et les entraîneurs me font vivre les étapes de la thérapie des dauphins avec un grand humanisme. Pour que le contact avec les dauphins se transforme en une expérience positive, je prends le temps de comprendre comment les personnes interagissent avec les malades, les parents et les membres de l'équipe d'accueil.

Je reste discrète pour ne pas perturber les activités quotidiennes, mais je fais des constats bouleversants ; par exemple : en ce qui concerne la difficulté pour un autiste de communiquer un sentiment comme la joie. Les enfants aiment jouer, rire, crier leurs émotions à l'état pur. Les jeux sont un exutoire pour une foule d'émotions, notamment lorsqu'ils impliquent des animaux. Mais l'enfant autiste n'arrive pas à exprimer les émotions primaires ; il y semble imperméable.

L'état d'esprit des parents me bouleverse : ils sont prisonniers de la maladie de leur enfant, démunis devant son impassibilité. Ils ne sont pas en mesure de percer son centre émotionnel. Ils sont au cœur d'une réalité terrible. Lorsqu'ils désirent faire vivre à leur enfant l'immersion avec les dauphins, ils expriment leur détermination à tenter n'importe quoi pour briser la barrière invisible qui retient le jeune malade en lui-même, exclu de toute vie sociale. Certains enfants ont peur de l'eau, d'autres réagissent avec frayeur en voyant l'immense mammifère qui s'approche d'eux.

Leur petit Harry a 8 ans, bientôt 9 ans. Il a une peur viscérale de l'eau. Ses parents le savent, mais ils croient que le choc peut lui être utile.

« Nous nous sentons coupables de lui imposer ce qui lui inspire une peur maladive. Il ne veut même pas prendre un bain à la maison, l'eau est un ennemi pour lui. Et en même temps, nous nous disons que nous agissons pour le sortir de là. Il va avoir mal à cause de nous. C'est un sentiment atroce, car nous l'aimons tellement. Nous assistons à cette expérience comme à une torture en nous demandant constamment s'il est possible que sa peur lui ouvre la porte de ses émotions. »

Le garçon tremble de tous ses membres lorsqu'on l'assoit dans une chaise de sécurité et qu'on l'attache pour éviter qu'il tombe. Les accompagnateurs ont beau lui parler, il ne surmonte pas sa phobie. Il descend lentement grâce au treuil, touche l'eau du pied, puis ses jambes sont immergées et, enfin, il a de l'eau jusqu'aux épaules. Pendant quelques minutes, il reste comme ça, sans bouger. L'eau est tiède. Contre toute attente, il lève le bras et fait un flac, une éclaboussure. Pour un instant, il oublie sa peur. Il est dans un univers nouveau et se laisse prendre par l'expérience. La seconde tape dans l'eau le fait rire. Les gouttelettes font bouger la surface de l'eau. Il commence à ressentir un certain plaisir. Il bouge ses pieds et cela lui donne une sensation nouvelle : l'apesanteur. Ses mains se mettent à battre. Pour ses parents, c'est le miracle tant espéré qui leur tire des larmes. Ils ont les yeux mouillés de pleurs lorsque la suite de l'expérience s'engage.

L'accompagnateur fait signe de libérer un premier dauphin. Le grand mammifère est très doux. Il glisse entre deux eaux et, curieux, s'approche de l'enfant. Harry retrouve sa peur. L'animal l'effraie. Il croit que le monstre, l'énorme forme sombre qui s'approche de lui, comme Jaws, va le dévorer. Il crie, hurle, pleure. La torture imaginée dure de longues minutes. L'accompagnateur lui montre comment caresser le beau dauphin. La réaction négative persiste. Le traumatisme s'amplifie. L'équipe a fait tout ce qu'elle pouvait pour créer un contexte favorable, mais le sujet n'a pas réagi à l'animal.

« Nous avons un demi-succès, commente la mère de Harry. Demain, nous allons essayer de nouveau l'immersion dans l'eau, plus longtemps et avec nous deux. S'il nous voit nager avec les dauphins sans crainte, peut-être sera-t-il plus réceptif. Sinon, nous rentrerons à la maison. »

Le lendemain, un autre enfant très handicapé s'est présenté pour nager avec les dauphins. Il était avec sa mère adoptive. À l'âge de six mois, cet enfant malade a été abandonné près d'un amas de poubelles. C'est là que cette femme l'a trouvé. Elle l'a recueilli et a appelé la police, qui n'a jamais retracé ses parents. Elle a décidé de l'adopter et de lui donner tous les soins afin qu'il se développe, malgré ses déficiences. L'histoire de Ben est tellement triste… L'enfant a maintenant 18 ans, ses membres sont tout recroquevillés et ses mouvements désordonnés. Il prononce des sons pour signifier ses besoins et exprimer quelques émotions. Il est placé dans un harnais et on l'immerge dans l'eau salée tout doucement. C'est déjà une première sensation agréable pour lui de découvrir la mer, puisque le bassin est naturel; les dauphins sont retenus en captivité derrière des clôtures afin que Ben ait le temps de s'adapter au nouveau contexte.

Lorsqu'il voit approcher les dauphins, il réagit, se met à rire et à exprimer de la joie. Plus les dauphins approchent et plus sa joie augmente. On lui demande de bouger ses pieds comme la nageoire du poisson et il tente d'imiter le mouvement de va-et-vient sous l'eau. Il essaie de toucher un dauphin en allongeant la main. Il veut tellement le toucher que son effort est ressenti par les observateurs. La maman pleure de voir son fils heureux; même si l'expérience ne dure que quelques minutes, elle lui apporte une réponse. Son fils peut faire des choses quand il est tellement stimulé par le plaisir qu'il en oublie ses limitations. Elle voit cela comme une grande victoire. Le contact avec l'animal a été un déclencheur positif. Le dauphin a-t-il tenté de communiquer avec Ben? Y a-t-il eu des vibrations entre eux? Un langage que l'enfant et le dauphin partagent? Dans ce contexte, je dirais que non. C'est l'humain qui a construit le résultat par sa façon de réagir. Ben a laissé aller ses émotions à cause du contexte très stimulant et moins contraignant que sur terre. L'eau saline a créé le confort, et la vue du mammifère cette excitation joyeuse.

Je me souviens avoir vu aussi cette réaction chez des aînés qui prenaient un chien ou un chat dans leurs bras. Ils étaient instantanément happés, connectés, expressifs ! Ils parlaient à l'animal sans chercher leurs mots ; ils se souvenaient de la tendresse pure, de la sensation de douceur de l'enfance. Ils réagissaient d'instinct. Ce sont des stimulations positives. Mais ce n'est pas magique. Parfois, rien ne se passe. Il faut chercher des variables. Le code qui permet cette expérience est complexe. Par exemple, un adolescent autiste peut rester impassible devant un chien magnifique et attendrissant, mais réagir très positivement à la vue d'une tarentule. C'est imprévisible. Le résultat dépend de tellement de facteurs... que l'humain a la capacité d'analyser après coup, et encore. Les essais et erreurs sont la seule façon de mesurer l'interactivité, selon moi. Mais les attentes sont importantes, démesurées parfois. Que faut-il en penser ?

Mon approche d'observatrice alimente ma réflexion et me suggère les arguments de mon futur exposé. Deux jours avant mon retour, la directrice du centre de dolphinothérapie me fait venir à son bureau. Elle me parle d'Amélie, une petite Québécoise qui sera accueillie le lendemain avec sa famille. Comme personne de l'équipe ne parle français, elle me demande de participer à l'expérience et de servir d'interprète. Amélie est condamnée à mourir. Sa candidature a été retenue par Rêves d'enfants, qui lui permet de vivre son dernier souhait. La seule évocation de cette histoire me bouleverse encore.

Je me présente donc à l'accueil le matin, un peu fébrile. Je vais aller nager avec elle et l'accompagner dans l'accomplissement de son dernier projet de vie. L'importance du moment, la précarité de la vie, l'approche de la mort : tout cela me met dans un état émotif très intense. Amélie n'a que 10 ans. Son cancer est incurable.

Au bout d'une heure, la fillette n'est toujours pas arrivée. Sa maman téléphone pour dire qu'elle est trop malade pour se rendre au centre. La directrice ayant décidé que l'équipe irait jusqu'à elle, nous partons en emportant des dauphins en peluche et des jeux. Nous passons quelques minutes avec elle, le temps de lui arracher un sourire émouvant à la vue des toutous, puis le médecin pose un diagnostic dramatique : elle doit rentrer à l'Hôpital Sainte-Justine en avion-ambulance tout de suite. L'agitation est totale. Les préparatifs sont rapides. Elle part en tenant dans ses bras le petit dauphin qui symbolisera son rêve. Sa maman l'accompagne. Je la regarde s'envoler, comme une étoile filante. Lorsqu'elle arrive à destination, elle a terminé son combat. Les médecins n'ont rien pu faire pour la sauver.

À la chambre d'hôtel, lorsque la nouvelle nous parvient, nous sommes tous envahis par une tristesse sans nom. Voilà que son frère et sa sœur décident de venir, au nom d'Amélie, profiter de l'expérience qu'elle n'a pas eu la possibilité de faire. Nous nous rendons tous sur le quai et nous allons nager avec les dauphins en projetant toute cette joie qu'Amélie aurait éprouvée si… Les dauphins sautent, tournent sur eux-mêmes, crient comme des enfants insouciants. Ils aiment les humains, partagent avec eux l'amour de l'eau, le sens du jeu. Ils sont assez évolués pour mémoriser plusieurs chaînes de comportements et aiment la vie sociale. Ils peuvent danser sur l'eau ou faire des pirouettes. Amélie nous voit sans doute, et j'ose croire qu'elle ne souffre plus ; sa joie doit dépasser tout ce que nous pouvons imaginer. Elle a réuni sa famille pour cet ultime adieu.

* * *

J'ai beaucoup appris avec la famille d'Amélie. Le rêve nous mène toujours quelque part, me suis-je dit alors. À leur insu, les animaux incarnent une gamme de sentiments qui naissent de nos attentes et de nos besoins, qui corrigent nos lacunes, le plus souvent. Nous nous servons d'eux tant que cela nous apporte quelque chose. Nous les asservissons à nos rêves. Nous les instrumentalisons sans poser un regard critique sur nos intentions. Égoïstement, nous les délaissons dès que notre équilibre est temporairement rétabli. Nous demandons-nous parfois à quoi rêvent les animaux ? Un bel os, un bol de lait, un jouet, un poisson... leur plaisir repose sur notre aptitude à leur procurer une forme de bien-être propre à leur espèce et non en fonction de nos propres critères.

À mon retour, j'ai longuement échangé avec la porte-parole des parents d'enfants autistes, puis l'angle de ma conférence m'est apparu. La zoothérapie est une parenthèse dans la vie d'une personne, une mise en contexte temporaire qui témoigne d'un besoin de communiquer de la tendresse, de sortir de la spirale de la solitude. L'enfant autiste ne ressent pas ce besoin : il s'agit plutôt d'un désir qui s'exprime dans la quête de solution que mène son entourage. La volonté de toucher l'animal, la personne malade ne l'a sans doute jamais ressentie, car elle vit dans une sorte d'enfermement physique et psychologique. Elle est trop prisonnière de son état pour voir au-delà de ses murs imaginaires, mais tellement opaques.

Je ressens à travers la zoothérapie toute l'impuissance des humains face à la stimulation des émotions primaires ; une désespérance se cache derrière cette approche. C'est ce que je trouve difficile à exprimer lorsque j'en parle. Le bien-être des personnes déficientes tient à si peu de chose : un sourire, une gentillesse, quelques minutes de conversation, toute bonne action, si petite soit-elle, qui fait oublier la grisaille de la réalité quotidienne et, ultimement, l'imminence de la mort.

L'animal qui devient la monnaie d'échange en zoothérapie est trop souvent au centre d'une expérience extrêmement publicisée et commercialisée que l'on présente aux familles comme une approche magique. Les animaux ne sont pas responsables des résultats qu'on anticipe, qu'ils soient positifs ou négatifs, voire inexistants.

Je privilégie des solutions plus réalistes, moins auxiliaires. Expérimenter des approches stimulantes entre humains d'abord me semble être l'objectif central qui justifie que la personne malade ou esseulée puisse garder vivants ses espoirs, ses interactions sociales, jusqu'au bout de la route. Une peluche soyeuse, un paysage magnifique, de la musique apaisante ou le son de la voix d'une personne aimée peut aussi faire du bien, selon moi.

Les animaux ignorent tout de l'approche thérapeutique : ce sont les instruments d'une tentative de communication sensorielle, des médiums inconscients. Je la vis tous les jours, cette expérience. Devant un chien, un lapin ou un agneau, je peux me sentir tout simplement bien, tandis qu'avec d'autres, c'est l'euphorie ou l'indifférence totale. De l'animal et de l'être humain, c'est le second qui a le choix, car il détient un pouvoir sur son environnement ; il analyse la détresse, cherche des solutions à la dégradation de la qualité de vie de ceux qu'il aime. De son côté, l'animal – ce substitut de la douceur – reste lui-même, quoi qu'on lui apprenne à faire, quelles que soient les attentes que l'on nourrit à son égard. Qu'on en fasse un héros ou un jouet vivant, son existence demeure essentiellement la même.

Après la conférence au cours de laquelle j'ai partagé mes réflexions avec les participants, une dame de l'Abitibi est venue me voir et m'a demandé d'entraîner son chien afin qu'il surveille sa petite fille de 8 ans qui est autiste. La fillette s'enfuit de la maison et sa maman souhaitait que le chien la surveille, la garde et la ramène. Mission impossible !

« Est-ce que le chien peut assumer la responsabilité de sauver la vie de la fillette chaque fois qu'elle tente de s'enfuir ? ai-je demandé à la mère.

— C'est que je n'ai pas que cela à faire, surveiller ma fille… Et s'il lui arrivait quelque chose, je me sentirais tellement coupable. »

Les humains me surprendront toujours ! J'ai suggéré à la mère de faire construire une clôture autour de sa maison afin de permettre à l'enfant d'aller jouer dehors. La clôture délimiterait une grande zone de sécurité avec des jeux, si possible, et la fillette serait protégée physiquement de tout danger.

« Idéalement, le chien devrait devenir son compagnon de jeu et non son gardien ! ai-je expliqué à la mère. Il ne faut pas vous déresponsabiliser sur le dos de cet animal… C'est au-dessus de ses capacités naturelles. »

Je lui ai soumis d'autres idées plus logiques. Elle pourrait installer une sonnette qui se déclenche quand la porte s'ouvre ou placer un loquet de sécurité en haut de la porte, hors de portée de l'enfant… A-t-elle compris que l'humain a le choix de modifier son environnement pour le rendre conforme à ses besoins, tandis qu'un chien ne pourrait pas détecter la clôture invisible qui conviendrait à la fillette, traçant jour après jour la frontière entre sa zone de sécurité et le danger imminent ?

L'animal n'a pas de dons particuliers pour sauver les êtres humains, qui pourtant aiment bien croire le contraire – une croyance qui m'apparaît irrationnelle et inconséquente. Lorsque survient un événement du genre sauvetage, il faut considérer le dénouement positif comme le fruit d'un heureux hasard, sans plus. Mais la publicité et la télévision amplifient ces microphénomènes, nous amenant à croire qu'ils sont fréquents, ce qui est faux. Il ne faut pas responsabiliser un animal, même s'il a suivi un entraînement spécialisé. Le lien entre le maître et son chien peut être une source de satisfaction profonde, mais le seul responsable de ce fait est l'être humain.

* * *

Les vagues de réflexions que la culture bouddhiste a soulevées en moi continuent de se propager dans ma pensée. Sans que je me l'explique alors, ce moment de ma vie est marqué par une série de cauchemars qui finissent par m'inquiéter. Le plus fréquent se déroule dans une grande pièce sombre. On dirait une cage lugubre où plusieurs félins vivent ensemble. Ils cohabitent pacifiquement, ces lions, ces tigres et ces léopards dont la beauté est fascinante. Je les reconnais; ce sont les animaux du Temple des Tigres.

Au centre de cet espace, il y a une stèle et je m'y trouve, nue, accroupie en position de plongée, hésitant entre ma peur d'être dévorée et ma fascination pour ces animaux que j'adore. Je suis suspendue dans ce vide décisionnel… Si je plonge, vont-ils me dévorer ? Vont-ils m'adopter ? Suis-je assez animale pour faire partie de leur monde ? Lorsque je me prépare à baisser la tête et à me laisser happer par ma passion, je me réveille. Une sorte de sursaut instinctif, un rappel de ma condition humaine. Réflexe de survie ?

Le contexte du rêve est toujours le même. Je n'arrive pas à chasser cette vision de moi ainsi fragilisée. Je ressens la peur de mourir qui affronte l'attraction presque chimique entre les félins et moi. Je suis hypnotisée par ceux-ci. Ils m'appellent à devenir comme eux... C'est plus particulièrement Zabeth, ma belle femelle léopard, qui m'invite à la rejoindre : « Tu me manques tellement... Toi qui sais me parler, m'écouter, viens donc me rejoindre, ma sœur féline ! »

Ce duel envahit mon esprit pendant plusieurs mois. Qui suis-je ? Comment me protéger de ma nature trop empathique envers les animaux ? Ai-je dépassé la frontière permise ? L'effet d'attraction provoqué par une trop grande proximité avec les animaux est-il comparable au pouvoir d'attraction du feu ? Je cherche des réponses en devenant hypervigilante face à tout ce qui m'arrive. Je m'arrête à analyser ma relation avec les animaux dans le passé, en tenant compte des différents contextes.

Le sentiment qui s'est installé de plus en plus profondément en moi est-il plus que de la compassion ? Qu'est-ce qui se cache derrière ma passion ? Tellement d'indices sont venus jalonner mon parcours, allumant des lanternes ici et là, que je devrais y trouver une réponse claire.

J'ai encore peur de mettre un mot sur la personne que je suis devenue. J'ai peur d'admettre ma dualité. Ma passion animale trouve un écho tellement loin en moi que je ne peux plus l'ignorer. Alors, je revisite ma motivation, cherchant à établir clairement des liens entre les faits et leur répercussion dans ma pensée, dans ma prise de position en faveur des animaux avec lesquels je communique de plus en plus fréquemment et ouvertement.

Plusieurs expériences restent taboues au point que je n'ose en parler à personne, car je crains d'atteindre un point de non-retour, de me faire coller l'étiquette de l'irrationalité. Je retourne en pensées au moment où, quelques années plus tôt, j'ai décidé de participer à un stage de formation sur le conditionnement de poulets, aux États-Unis. Le défi semblait à priori banal, quoique très amusant : il fallait entraîner des poulets à l'obéissance avec la seule technique du renforcement. À vos clickers ! Prêts ! Partez ! Le défi semblait loufoque, mais il comportait des exigences pédagogiques particulières. Je devais apprendre à une poule l'exécution de commandements tels que « couche ! » et « reste ! ». Il s'agit là d'un échange de communication primaire ! Lorsque l'entraîneur y arrive, il peut tirer de cet apprentissage des méthodes qui lui permettront ensuite d'apprendre la même chose à un chien ou à n'importe quel autre animal.

Le contexte de cette maîtrise technique était de comprendre la portée du clicker en tant qu'instrument de conditionnement positif et de mettre cette compréhension en application. La capacité de l'animal à apprendre, sa réponse volontaire aux stimulations et sa progression constituaient le test ultime. Pas de magie ! Beaucoup de patience... Un retour en soi-même qui demandait de l'attention et de la concentration. Il fallait penser « poulet ». Ça a été un bon test d'empathie pour moi. C'était l'animal, en l'occurrence le poulet, qui devait exécuter quelque chose, mais c'était moi, l'être humain, qui devait alimenter la passion au point d'en arriver à un résultat. Ridiculement enfantin, mais terriblement difficile à relever, ce défi, quoi que les observateurs pouvaient en penser.

Au-delà des résultats qui m'ont permis d'apprendre des trucs très amusants à mes poulets, de comprendre leur motivation et de la renforcer, je me suis mise en relation avec eux de façon très consciente. Les besoins de ces animaux sont devenus pour moi un code que j'ai manipulé avec facilité. J'ai pris conscience de mon cheminement, ce qui a constitué une première révélation. C'était moi qui ouvrais le canal de la communication par mon intérêt, ma concentration, mon désir d'interagir en vue de prouver ma théorie. La réponse des poulets m'a de nouveau servi de preuve. Je parle aux animaux que je ressens.

L'expérience a été bien davantage qu'un défi personnel à relever : elle a aussi été une excellente leçon d'humilité. Si je n'arrivais pas à me concentrer sur une chose, le reste ne se faisait pas. La persévérance et l'attention étaient essentielles. Si je n'arrivais pas à faire le lien entre la poule, mes attentes et moi, avec le renforcement positif qui récompensait le bon mouvement, cela signifiait que je n'étais pas assez systématique pour faire mon apprentissage, étape par étape. Pour apprendre, il faut d'abord accepter de se mettre en mode écoute. Heureusement, mon instructeur utilisait également le mécanisme de l'apprentissage renforcé pour aider ses stagiaires à faire des progrès. Une récompense à la fois.

Nous, les humains, nous cherchons souvent des indices avec une loupe, alors que, pour nous déboussoler encore davantage, la vie nous les fournit en format géant. Mon expérience à ce stage de formation n'a finalement été qu'une passerelle vers une révélation inusitée qui m'attendait au détour de la route. Cette formation était seulement le prétexte qui m'a révélé quelque chose de plus profond encore que la parfaite maîtrise d'une technique. En fait, je me suis rendu compte que j'étais plus douée que la plupart des autres apprentis. Toutefois, cette constatation, je l'ai faite sans en tirer le moindre orgueil. Pour moi, cela signifiait tout bonnement que mes qualités de médium se révélaient de plus en plus. Plusieurs fois, une instructrice appelée Joan m'a demandé si j'avais déjà ressenti une attirance, une forme d'attraction particulière envers certains animaux. Je lui ai répondu de façon évasive, ne sachant pas qu'elle lisait en moi comme peu de gens l'avaient fait auparavant. Comment Joan avait-elle percé le secret de ma perception sensorielle ? Était-elle aussi médium ? Dans les heures suivantes, elle m'a entraînée dans une confrontation directe, brutale même, qui allait m'ébranler dans mes convictions.

Évidemment, aujourd'hui, je fais le lien avec mon rêve récurrent. Mais à cette époque, je n'avais pas encore accumulé assez d'indices pour qu'une petite lumière s'allume en moi. Je cherchais plus loin dans mon passé. Étais-je réceptive aux messages occultes ? La question m'effraie toujours autant. Mais je me souvenais d'une des fois où mon corps avait réagi dans un environnement étrange. Quelques années auparavant, j'avais été prise d'une sorte de transe irrationnelle dans les catacombes à Rome. Je ne pouvais absolument pas toucher les vieilles pierres sans que des images et des cris m'envahissent. C'était une sensation effrayante ! Un court-circuit émotionnel ! J'arrivais à peine à l'évoquer... J'avais classé cette expérience dans un tiroir que j'avais fermé à double tour et effacé de ma mémoire. Accident de parcours, événement au contexte inexplicable, comme les OVNI, en quelque sorte. Je ne voulais pas qu'on doute de mon équilibre. Je suis une scientifique, quand même ! Cependant, quelque part en moi, une petite boîte noire gardait précieusement toutes les traces d'un parcours révélateur. Même si j'avais fait l'autruche jusque-là, la réalité allait me rattraper pendant ce week-end imprévu.

Joan, l'instructrice, était sûre d'elle et son intuition la poussait à me confronter à la réalité : un plus un égale deux. J'étais loin d'avoir deviné ses intentions quand elle m'a lancé une invitation impromptue. J'ignorais qu'elle allait me projeter tête première dans le vide.

Mon amie, une lama qui aime faire des promenades avec moi dans la forêt. Calme et sereine, elle m'oblige à prendre mon temps.

Un de mes plus beaux souvenirs. Dans ma maison : un daim, un lama, un lion et mon chien adoré Melvine, qui endure tous mes caprices.

Kiona, ma belle puma qui m'a donné le privilège de partager quelques mois avec moi.

Une morse de trois mois qui pèse déjà plus de 100 kilos : une grosse boule d'affection. Ici, j'ancre un toucher relaxant sur son épaule durant la tétée.

Un baiser de girafe, rien de mieux pour vous laver le visage au complet, exfoliation incluse !

Quelle chance j'ai eue de vivre avec les loups ! D'abord avec ceux du Wolfpark, en Indiana, puis avec mes trois portées de louveteaux qui m'ont tout appris. Merci à Kathryn Lord pour son expertise.

Un bel andalou à qui je montre à faire le pas espagnol au sol.

« Veux-tu m'accompagner à mon ranch, avec ta collègue Nathalie, pour profiter un peu du magnifique environnement où je vis ? Tu sais que mon ranch est près de la rivière, dans un endroit où les autochtones ont déjà vécu voilà plusieurs siècles maintenant. C'est magnifique et tellement ressourçant. Ça va te changer de l'air suffocant de la ville. »

J'ai accepté. L'aventure me séduisait. Joan était l'une des instructrices certifiées qui dirigent le Chicken's Camp. Dans la jeep qui nous amenait chez elle, entre deux éclats de rire, elle nous a confié qu'elle était un peu chaman. Nous nous sommes regardées sans rien dire. Le vent nous fouettait le visage, l'air était chaud... Un *road trip* parfait, une récréation inattendue ! J'aime rigoler et le travail intense du stage de formation m'avait un peu privée d'humour, quoique... les poules auraient sans doute dit le contraire si elles avaient pu parler !

À la tombée de la nuit, après avoir partagé un bon repas, Joan nous a proposé de marcher près de la rivière et, en passant dans un espace sablonneux, j'ai soudain senti comme des vibrations. Joan m'a dit que je foulais le site d'un ancien campement ancestral. Je me suis approchée d'un arbre et, en le touchant, j'ai reçu des messages, des cris, et j'ai vu apparaître des images sanglantes, des scènes de massacre. Joan m'a rejointe pour me rassurer.

« Ces lieux ont une mémoire et tu as capté cela, m'a-t-elle expliqué. Je t'ai bien observée. Je pense que tu peux communiquer avec les esprits anciens, ceux des animaux autant que ceux des humains.

— Qu'est-ce que ça veut dire ? Pourquoi m'avoir amenée ici ? Tout ça m'effraie terriblement ! »

Je me sentais fébrile, nerveuse tout à coup. Une grande tension s'était installée en moi. Je voulais m'éloigner de cet endroit pour reprendre le dessus sur mes émotions.

« Depuis quelques jours, j'ai bien vu que tu as un don pour communiquer avec les animaux, m'a expliqué Joan. Je me demandais si cela était de l'instinct, une qualité d'écoute, une sorte d'acuité... Mon intuition s'était tournée vers le chamanisme... Je suis de descendance indienne, et je crois beaucoup aux pouvoirs des chamans. Non seulement ils peuvent percevoir le passé et le revivre, mais ils en tirent des pouvoirs actifs pour écouter les gens et les conseiller. Ils sont empathiques et prennent la pensée de l'autre pour la suivre comme un fil invisible qui leur permet de remonter à la source d'un problème, d'un conflit ou d'une émotion très forte, surhumaine. Je pense que tu as cette faculté. En plus de ton pouvoir de perception extrasensorielle, tu possèdes probablement la force qui y est associée : la résistance aux maladies, aux poisons et aux maléfices de toutes sortes. Tu es presque invincible ! »

Mon esprit scientifique refusait de croire à son interprétation des faits. Je n'avais plus envie de rire... Il devait bien y avoir une autre explication. Nathalie n'avait rien ressenti en marchant dans le même sentier. Elle me regardait avec étonnement.

« L'idée de Joan te fait peut-être peur, mais si elle avait raison ? m'a-t-elle dit en me prenant le bras. On résiste parfois très longtemps avant d'admettre la réalité... C'est la peur qui nous fait nier ce que l'on voit, ce que l'on ressent. Viens, allons marcher plus loin, le calme va revenir. Une fois les émotions passées, tu y verras plus clair. »

Ce contact amical m'a sortie un peu de mon chavirement et m'a ramenée à une terrible question : « Qui suis-je ? »

Cette nuit-là, je ne suis pas arrivée à dormir même si la conversation s'était allégée pendant la soirée. J'étais bouleversée jusqu'au plus profond de moi-même. Mon attachement à certains animaux avait-il un fondement plus mystique ? Métaphysique ?

Le matin suivant, je suis retournée marcher près de la rivière, seule cette fois. Je me suis assise à l'indienne, laissant mes mains reposer sur le sol. J'ai senti les vibrations qui circulaient en moi : j'étais un arc entre le passé et le présent. Je voyais les épreuves cruelles qui ont été infligées aux Amérindiens, les amenant à une extinction presque totale. Pour survivre, les témoins de ces atrocités avaient dû renoncer à leur culture et à leur histoire. J'ai vu le paysage évoluer, comme si le temps s'était écoulé en accéléré : le campement s'effritait, la nature reprenait ses droits, l'âme des ancêtres se nichait sous le sable, tandis que la rivière continuait de couler des jours paisibles. Le passé s'est refermé comme un immense coffre aux trésors dès que j'ai ramené les mains sur mes genoux. Je respirais. Les signes de ma perméabilité ont pris le pas sur tout ce que le stage de formation m'avait appris. Le miroir m'a renvoyé une image de moi que, sans doute, je refusais de voir. J'avais compris les messages et j'étais capable de ressentir les émanations du passé : j'étais une médium !

À mon retour au Québec, j'ai fait de nouvelles recherches. J'ai trouvé quelques livres évocateurs qui traitent spécifiquement de la communication avec les animaux. Je ne peux toujours pas expliquer mes prédispositions par des mots, mais je sais que, bien avant moi, d'autres personnes les ont déjà expérimentées. J'ai gardé pour moi les exemples de situations où j'ai vécu ce type de communication, car je craignais les réactions du milieu scientifique. Outre Nathalie, qui me connaît depuis des années et respecte mon cheminement avec une discrétion absolue, il n'y avait qu'Andrée, ma psy animalière, qui savait…

Mon nouveau mantra est devenu : « Tu es une chaman ! » J'ai poursuivi ma quête d'une explication, avec l'attitude très rationnelle de la chercheure et de l'enseignante. Je ne pouvais pas ignorer la polarisation que la phrase de Joan, mon instructrice, avait provoquée en moi. On aurait dit qu'un sixième sens se développait en moi depuis ce jour. J'essayais de comprendre les mécanismes de cette faculté de parler aux animaux et je tentais de diversifier l'étendue de « mes relations avec le passé », avec ce que j'appelle intérieurement « ma vie cachée ». J'ai mis à l'épreuve cette dangereuse et fascinante empathie qui m'habite. Où donc cela allait-il me conduire ?

* * *

L'enseignement et les conférences ont créé de nouvelles occasions de mesurer ma perméabilité aux expériences de communication avec les animaux. Au fil des années, j'ai mieux compris l'incroyable magnétisme que des chercheurs ont exercé sur moi pendant ma quête de sens. Jamais je n'aurais été en mesure de trouver ma route sans les Ray Coppinger, Kayce Cover ou Gary Price qui ont forgé les composantes de ma conscience animale, comme les pièces d'un engrenage unique. Chacun d'eux a trouvé sa cause et sa voie. Bien qu'elles soient différentes, leurs passions respectives avaient un point commun : vivre selon leurs convictions autant personnelles que professionnelles. C'est dans cet état d'esprit que j'aimais me mettre en danger, sortir de la routine, explorer mes limites. Ma rencontre avec Kiona s'est inscrite dans cette foulée. Kiona m'a appris à me protéger… de moi-même !

Dans un enclos minuscule, la petite puma faisait ses premiers pas. Kiona, qui avait vu le jour dans un zoo, était un succès de reproduction en captivité. Elle faisait la preuve que notre système d'exploitation animale fonctionne. Papa et maman puma avaient alors deux rejetons. Comme j'avais été presque témoin de la naissance des deux bébés, on m'avait proposé d'adopter l'un des deux pendant un certain temps afin de l'entraîner. La tentation était tellement forte devant cette petite boule de poil jaune tacheté de noir qui ronronnait comme un chaton en gambadant entre les murs de sa cage ! Que faire ?

J'ai craqué. Je l'ai choisie. Je l'ai prise dans mes bras avec le cœur battant. Je l'aimais déjà ! On m'a informée qu'elle avait une destinée toute tracée d'avance : après quelques mois d'entraînement, elle serait cédée à un zoo et y continuerait sa vie. Ce couguar d'Amérique du Nord a la réputation d'appartenir à l'une des espèces les plus redoutables parmi les félidés. Dans la nature, il est difficile à observer et peu sociable. Allait-elle jamais avoir le loisir de courir en toute liberté, cette petite femelle ? La pratique veut que, de génération en génération, les animaux qui naissent en captivité fassent l'objet d'échanges interespèces d'un zoo à un autre.

J'ai repoussé à plus tard les questions sur l'avenir et je me suis dit que Kiona aurait un présent cent fois meilleur avec moi. L'espace, les soins, l'entraînement et toutes les commodités du style de vie rehaussé que je pouvais lui offrir n'avaient aucun équivalent : c'était de la captivité affranchie, royale. Mon élan d'adoption était rempli de générosité, mais aussi teinté d'une certaine naïveté.

Je suis devenue la nouvelle maman de Kiona et son entraîneure. Elle avait huit semaines lorsque je l'ai installée dans un bel enclos, à l'école de formation et d'entraînement où je travaillais. Alain, mon collègue instructeur, et moi, nous étions en mesure d'assumer les responsabilités de base et, de leur côté, les étudiants lui accorderaient aussi beaucoup d'attention. Elle était si attachante que tout le monde la réclamait. De plus, elle apprenait rapidement, puisque sa fenêtre d'apprentissage était parfaite. Comme une élève modèle, elle répondait à toutes mes attentes et m'offrait même des gratifications supplémentaires. Elle semblait me témoigner une affection particulière et j'aimais l'écouter me grogner ses réactions, comme si elle entretenait le dialogue entre elle et moi.

Kiona est un mot algonquin qui signifie « montagne dorée ». C'est le nom que je lui avais donné. Au fil des semaines, je me suis attachée à elle. Je la faisais travailler quotidiennement et elle me faisait entièrement confiance. Elle assumait à la perfection le rôle de mascotte de l'école et participait à notre reconnaissance professionnelle en nous suivant en entrevue à la télévision. Je la ressentais comme jamais encore je n'avais ressenti un animal et je n'avais pas de plus grande satisfaction que celle de lui offrir une qualité de vie exceptionnelle. J'avais à cœur d'améliorer son sort. Pourtant, lorsqu'elle marchait à mes côtés en laisse, ses yeux se perdaient souvent dans les grands espaces. Elle me communiquait sa nostalgie de ne pouvoir prendre le large. J'aurais tant aimé lui offrir la liberté…

Il m'arrivait de la laisser dormir au pied de mon lit, lorsque je dormais sur les lieux de mon travail. Elle se blottissait sur l'édredon et ronronnait paisiblement, comme si elle avait été inoffensive. Lorsque j'ouvrais les yeux, tôt le lendemain, elle voulait jouer. J'aimais bien la caresser alors et m'amuser à la faire rouler sur le dos comme un gros chaton. Cependant, un bon matin, après une dizaine de minutes de lutte amicale, lorsque je me suis levée, elle m'a prise littéralement pour un lapin et m'a agrippé le mollet entre ses pattes et ses dents.

Ma réaction était alors décisive, car si j'avais tenté de me dégager, Kiona aurait poursuivi sa chasse instinctive. Alors, j'ai figé. J'ai cessé tout mouvement, même si mon mollet me faisait souffrir. Pour moi, les secondes n'avaient pas la même importance que pour elle. Lorsqu'elle a semblé constater que la chasse était terminée, je me suis penchée et j'ai enlevé les griffes qui étaient encore enfoncées assez profondément dans mon muscle. Elle m'a laissé faire. Je me suis assurée que son regard était redevenu calme avant d'aller désinfecter mes plaies. Kiona s'est de nouveau blottie sur le tapis comme un chat en attendant que je l'accompagne à l'école.

J'ai raconté à mon collègue ce qui venait de se passer. Mes mollets en sang et mes illusions envolées me désolaient, mais je me sentais surtout émue devant cet animal qui ne pourrait échapper à son destin. Kiona était un félin, quoi que je fasse pour la domestiquer. En me voyant maussade et un peu plus nerveuse qu'à l'habitude, Alain a réagi sur-le-champ.

Il a observé que le comportement de notre «bébé» changeait petit à petit. Kiona devenait plus dévastatrice, prenant plaisir à défaire tout ce qui était à sa portée au moyen de ses quatre griffes et de ses dents acérées. Ce qu'Alain apprenait ne le surprenait pas, mais il s'inquiétait de mon attitude. Allais-je trop banaliser l'attaque pour garder ma Kiona avec moi plus longtemps ou me remettre en question face à mon rôle?

«Je crois que sa prédation va se manifester de plus en plus souvent, même si elle est bien entraînée. Tu devrais rester un peu sur tes gardes, m'a-t-il lancé en examinant ma jambe.

— Elle a un vrai lion qui dort en elle, tu as raison de me le rappeler. Il sera bientôt temps de prendre un peu de recul, de la voir comme l'adulte qu'elle va devenir, et non seulement comme le chaton qu'elle était.

— Lorsque je lui donne sa ration de nourriture, son gros steak de cheval encore saignant, a dit Alain, elle est de plus en plus excitée. Il ne faut pas s'en approcher tant que son repas n'est pas terminé. Je crois que nous devrions revoir les différentes manipulations afin d'éviter des accidents. Je ne voudrais pas que tu te réveilles un beau matin avec un pied en moins », a-t-il ajouté d'un air taquin.

Il avait raison. La fenêtre d'imprégnation de Kiona se refermait et ses mécanismes d'apprentissage étaient au maximum. Malgré tout le travail au clicker, l'heure était venue de la traiter en adulte : gare à celui ou celle qui voudrait oublier son bagage de félin. Je devais me résoudre à la voir dans un contexte de travail, d'entraîneur objectif, car il semblait que le rôle de maman ne conviendrait plus à la situation.

La belle complicité entre Kiona et moi ne pourrait pas me protéger de la vraie nature de cet animal. Je rationalisais assez rapidement mes émotions pour y voir plus clair. Peu importait la relation qui s'était installée, le temps et la génétique l'avaient transformée. Kiona était grande et fière, son pelage était devenu uniforme et son regard bleu marine pigmenté de vert était magnétique. La féline n'était pas sans me rappeler cette belle femelle léopard que j'avais quittée en Thaïlande.

J'étais fière de lui offrir des soins et de la stimulation. Je me sentais responsable d'elle, comme au premier jour, tout en voyant clairement les changements qui s'imposaient dans la relation. Je m'adaptais à ces transformations en prenant soin d'éviter de penser à ce que l'avenir lui réservait. En la regardant alors, je me suis posé froidement la question : « Pour combien de temps encore ? »

C'est moi, en fait, qui, au bout du compte, allais créer l'occasion de la première séparation. Moi, Jacinthe, animale libre qui aime courir le monde, un beau jour, je lui ai dit au revoir, car je partais en voyage. Je la confiais aux bons soins d'Alain pour les trois semaines de mon infidélité... Les grands espaces m'appelaient et je m'offrais donc ce que Kiona n'aurait jamais : une expérience de vie sans frontières.

Alors que je montais à bord de l'avion, j'ai réalisé à quel point elle allait me manquer. Quelques cicatrices au mollet me la rappelleraient, le temps d'une tournée de conférences. J'avais de nouveau l'impression d'être un animal sauvage que la vie essayait d'apprivoiser. Comme Kiona, j'aime bien montrer à tout le monde qui je suis... Je mords dans la vie et j'oublie mes propres barrières. L'homme et l'animal s'adaptent à leur environnement sans pour autant renoncer à vivre selon leur nature profonde. L'attachement de la laisse et celui des sentiments sont-ils comparables ? Les humains comme moi pensent que oui. Quelle belle illusion !

* * *

Trois semaines plus tard, je suis revenue au bercail le cœur battant. Je voulais revoir mes amis et j'avais hâte de retrouver Kiona, ma féline adoptive. C'est Alain qui m'a appris la nouvelle :

« Kiona n'est plus ici, m'a-t-il révélé sur le ton de la déception. Elle a été vendue à l'un des zoos les plus prestigieux au monde. Elle est partie quelques jours après ton départ. Je n'ai pas osé te le dire. Pardonne-moi... J'ai préféré attendre que tu reviennes. »

J'ai reçu la nouvelle comme un direct en plein estomac. Je manquais d'air. Mon bébé... entre des barreaux... et je n'avais même pas pu lui dire au revoir. Évidemment, je savais depuis le début que sa destinée était toute tracée. Pourquoi m'étais-je tellement attachée à elle ? Elle avait une valeur bien plus grande à mes yeux que celle d'une attraction, d'un produit qu'on échange ou qu'on vend dans le but d'attirer des visiteurs. Je me sentais coupable de l'avoir abandonnée, mais son départ me rappelait que les pumas ne sont pas des animaux de compagnie.

« Je l'imagine dans sa cage étroite, au zoo… J'ai du mal à supporter que des animaux soient ainsi réduits à des objets, qui servent évidemment à nous familiariser avec leur règne, mais dont la vie se résume le plus souvent à un divertissement pour les humains.

— Kiona sera bien traitée, m'assurait Alain. Elle a déjà eu la chance inestimable de passer six mois avec nous. Elle est parfaitement adaptée aux humains, mais elle est née puma. Sa vie a commencé en captivité et je ne crois pas qu'elle survivrait dans la nature. Tu n'y peux rien. Le personnel du zoo a remarqué à quel point elle est d'un contact agréable ; elle va bien s'adapter. Elle me manque beaucoup, à moi aussi.

— Comme elle est imprégnée depuis sa naissance, le contact humain va être réduit au minimum. Je me sens coupable de la savoir privée aussi radicalement de son environnement habituel. C'est trop brutal. Je n'aurais pas dû partir… Nous aurions pu demander les autorisations pour la garder en permanence. Et pourquoi pas ?

— Je comprends ta réaction. C'est un engagement très lourd, peut-être irréaliste même. Nous savons bien tous les deux que la captivité est une solution imparfaite. L'animal est confiné et a peu de contacts. Mais l'adoption n'aurait pas réglé tous les problèmes ; cela les aurait simplement différés dans le temps. Tôt ou tard, nous aurions été obligés de nous séparer d'elle. Ton attachement à Kiona n'est pas sans me rappeler celui de ta belle femelle morse, celle que tu as prise sous ton aile comme une maman, rappelle-toi…

— Apik-ila souffrait tellement de solitude, lorsqu'on me l'a confiée. Elle se serait laissée mourir tellement la coupure brutale d'avec son milieu naturel l'avait traumatisée. Je l'ai nourrie au biberon, j'ai dormi avec elle même à 20 degrés au-dessous de zéro, je lui ai redonné le goût de vivre en la stimulant. Et lorsque j'ai tenté de défendre son droit à des jeux et à de meilleures conditions de captivité, c'est moi que le système a pointée du doigt. Je l'ai aimée et j'ai essayé d'obtenir de meilleures conditions de vie pour elle. Aujourd'hui, Apik-ila a plusieurs morses avec elle. Kiona n'a personne pour partager ses jeux. Pourquoi est-ce si difficile pour les humains de modifier leur façon de voir les animaux ? Est-ce que tu crois, toi aussi, que je les aime trop, mes amis animaux ? J'ai l'impression que les humains ne saisissent pas bien la nuance entre vouloir leur bien-être sur le plan de la santé et désirer leur donner des conditions de vie agréables. Quand on peut si facilement leur procurer une qualité supérieure de stimulation et qu'on la leur refuse, cela me désole et réveille ma colère.

— Tu as raison, a reconnu Alain. La réflexion ne va malheureusement pas assez loin dans certains zoos. Kiona est vivante et bien traitée, et tu vas la revoir. Que demande-t-elle ? Elle nous a fait partager une super belle expérience... et d'autres viendront demain ou dans quelques semaines. Même si j'ai beaucoup de regrets, je dois accepter de tourner la page. Je tente de lâcher prise, comme on dit. Notre mission d'enseignement implique que nous restions une sorte de laboratoire. J'espère seulement que tu ne m'en veux pas d'avoir accepté la transaction pendant ton absence.

— C'est comme un deuil. Je ne sais pas si j'ai fait les bons choix. J'avais de la compassion pour elle, lorsque je l'ai vue, petit bébé, avec ce destin de captivité toute sa vie durant. Prendre la défense des animaux, c'est une vocation que je me suis donnée. Mes efforts ne servent-ils donc à rien ?

— Jusqu'où ton désir de complicité avec ta puma t'aurait-il entraînée ? La seule personne qui souffre de cette décision, c'est toi... Tu aimes tellement les animaux que, parfois, tu oublies ta condition première. Tu es coupable d'une *overdose* de compassion.

— Tu as bien raison. Améliorer les conditions de vie des animaux ne signifie pas les prendre sous mon aile. J'ai une grosse remise en question à faire. Moi, je travaille avec des animaux pour apprendre d'eux, et Kiona m'a appris ce qu'est réellement un puma : les marques de son attaque sur mon mollet en témoignent. C'était un signal très clair. Mon véritable combat devrait plutôt être celui de la liberté, en réalité.

— Mais tu te souviens de la belle girafe, Madame, celle qui refusait de sortir de sa cage. Elle vivait en captivité et s'était tellement bien adaptée à son environnement que les autorités du zoo ont dû faire appel à toi pour l'aider à quitter son enclos. Qu'est-ce qui te fait croire que Kiona ne va pas adorer son nouvel environnement ? Peut-être s'y sentira-t-elle tout à fait bien, en sécurité, entourée par des humains qu'elle a appris à tolérer. Elle est devenue beaucoup plus sociable que les autres pumas, alors que sa vraie nature, ce n'était pas d'avoir seulement des amis humains.

— Le cas de ma belle Madame était pathologique : elle avait peur de quitter sa cage. J'ai compris la cause de son traumatisme grâce à mon amie psychologue qui m'a ouvert les yeux. Sa cage la protégeait contre la peur de l'inconnu. J'ai dû renforcer son comportement et prendre le temps de l'apprivoiser pour qu'elle finisse par avoir confiance en moi et sorte de son enclos. À force d'être stimulée, elle a accepté l'idée qu'elle ne mourrait pas en traversant la barrière. J'étais très fière d'avoir pu l'aider à s'adapter à vivre sans clôture. Elle s'est mise à socialiser avec les autres animaux. Le fait de la voir vivre avec la peur et de trouver sa sécurité à y être enfermée m'a tellement remuée. Pauvre Madame ! À la limite, la captivité détruit quelque chose d'important dans l'animal :

son identité. Espérons que cela n'arrivera pas aussi à ma belle femelle puma… »

Alain me connaît bien. Il sait que ma passion véritable, c'est d'enseigner et d'apprendre, d'apprendre encore et d'enseigner ! Des expériences comme celle de Kiona me remuent, me secouent et me font progresser.

Lorsque la poussière est retombée sur cet épisode, j'ai trouvé une forme de consolation en me disant que, la prochaine fois, je ferais preuve d'une empathie beaucoup plus détachée et que ma compassion prendrait une autre forme : j'adopterais plusieurs animaux à la fois et je leur offrirais un grand parc où ils pourraient évoluer ensemble, en contact indirect avec l'homme, mais surtout libres d'être eux-mêmes. Ce modèle d'intervention existe-t-il quelque part au monde ?

J'ai déjà expérimenté de tels regroupements à des fins de reproduction. Le parc des loups pourrait me servir de modèle. Ma quête de solutions est relancée. Cesser de vouloir s'approprier les animaux est une pensée qui me revient constamment en tête. Mon entretien avec un certain moine bouddhiste semble ressurgir. Il me manque encore des données face à ce dilemme. Qui me fournira une réponse complète ? Moi ? Je dois pousser plus loin mes recherches. C'est dans ma nature… Une quête incontournable !

CHAPITRE 5

La révélation

J'ai le cœur battant. L'avion va décoller dans quelques minutes. L'anxiété me gagne. J'ai toujours eu peur de l'avion. Pourtant, j'ai combattu ce malaise de nombreuses fois. À chaque décollage, c'est une lutte entre mon désir de réaliser un rêve et la peur de ne jamais rentrer chez moi. Cette fois, j'ai les mains moites; la tension musculaire me pousse à me cramponner à mon fauteuil; ma ceinture est-elle assez serrée? Pas trop? Je la vérifie pour la dixième fois. L'air me semble rare, tout à coup. Je tourne le bouton pour obtenir un peu plus de ventilation. Je regarde par le hublot. L'avion roule comme un taxi entre les lignes jaunes et les lumières bleues. Vite, qu'on en finisse!

Comme je me rends en Thaïlande pour la seconde fois, ce stress ne devrait pas se manifester de nouveau. Je ne vais pas plonger dans l'inconnu, quand même. Je connais le milieu où je vais séjourner. C'est Margarita qui m'a lancé l'invitation pour poursuivre la formation et l'enrichissement auprès du personnel du Temple des Tigres. Elle m'a demandé quatre semaines de collaboration afin de donner suite à la mission que j'ai effectuée pour le compte de Care for the Wild International. Pas d'intermédiaire, cette fois-ci.

Je croyais échapper à ma peur de l'avion, dans ce contexte connu, mais il n'en est rien. Pourquoi suis-je si anxieuse lorsque mes pieds quittent le sol ? Je voudrais tellement aller et venir de par le monde sans avoir à subir ce malaise. Trop *groundée*... Je ne me sens en sécurité que sur la terre ferme... De quoi ai-je peur ? De ne jamais atterrir ? De ne plus revoir mes proches ? De voir ma vie se terminer d'un seul coup, dans un écrasement fatal ?

Je me raisonne. Je revois ma vie qui défile pendant que l'appareil capte le vent à 300 kilomètres à l'heure. C'est parti... J'ai pourtant fait tout ce que je voulais, réalisé mes rêves au fur et à mesure, conduit mes enfants vers l'autonomie... À quoi renoncerais-je, en mourant ? À rien. Ma vie a été pleine, ultrariche en expériences, follement excitante, complètement *flyée* et surtout pleine d'amour, d'amitié, de complicité. Après mes parents, mes enfants et les amis qui m'ont comblée, les animaux m'ont apporté une telle satisfaction professionnelle que, bien sûr, j'en redemande encore et encore. Toutefois, j'ai transmis mes connaissances, et d'autres personnes pourraient très bien continuer cette quête d'une relation respectueuse entre les humains et les animaux. Moi ? Je pourrais disparaître et, curieusement, je n'aurais aucun regret. Je pourrais dire : « Mission accomplie » et fermer le livre de ma vie. Le cycle normal : il y a un début, des accomplissements, puis une fin. Alors, la peur de mourir ne devrait plus me hanter...

Cette courte réflexion me calme. Ma vie est comme un film d'aventures. Le réalisateur peut jouer avec mes émotions aussi longtemps qu'il le veut. J'aime ma vie. Je l'adore ! Il me faut simplement profiter de chaque instant et oublier cette peur. Ne plus gâcher l'instant présent ! Vivre avec tous mes sens à l'affût, pour apprendre et redonner : j'aime l'idée de faire circuler les connaissances, de ne rien garder pour soi, de passer au suivant et de recevoir des autres avec une ouverture d'esprit inconditionnelle. De cette manière, tout ce qui nous entoure devient une source d'enrichissement, d'apprentissage. Alors autant faire l'éponge que de vivre repliée sur moi-même. J'ai encore un milliard de choses à faire et d'expériences à vivre. Mais entre hier et demain, je me plais à dire que tout a été vécu pleinement. Alors, bienvenue à tout ce qui m'attend : c'est un cadeau inestimable !

Cette fois-ci, ne pouvant s'absenter de son travail, ma fidèle collaboratrice Nathalie n'a pu m'accompagner. Alors, j'ai lancé un appel pour me trouver un interprète qui parle le thaïlandais, l'anglais et le français. Était-ce possible ? Oui ! Dany est apparu comme ça : un courriel, un appel téléphonique, une rencontre, et le projet de voyage était bouclé.

J'ai donc à mes côtés ce Québécois pure laine qui, avec une stature frôlant les 2 mètres et une longue pratique des arts martiaux, a davantage le profil d'un garde du corps que celui d'un interprète. Il me demande si tout va bien... Évidemment ! Le fait est que je respire mieux une fois que l'avion a atteint sa vitesse de croisière. Mon stress n'a pas échappé à Dany.

Pendant le vol Montréal-Bangkok, nous prenons le temps de faire connaissance. J'apprends que Dany était allé, comme ça, suivre une formation dans la capitale thaïlandaise, qu'il a trouvé le milieu accueillant et qu'une jeune fille a gagné son cœur... Il est retourné suivre des cours de thaïlandais intensifs : trois mois d'immersion à l'université. Il a tenté sa chance en offrant ses services comme professeur d'anglais et a obtenu un poste. Il a passé six mois là-bas et est revenu au Québec pour poursuivre sa carrière. C'est un passionné ! L'aventure ne lui fait pas peur. Il va me seconder pendant un mois dans ma deuxième mission au Temple des Tigres.

Nous établissons notre plan de match puis, après la collation, je lui souhaite une bonne nuit. Rien de tel pour faire passer le temps que de pouvoir dormir... La journée de demain sera longue et j'ai déjà hâte d'y être.

* * *

Un autobus nous conduit de Bangkok au Temple des Tigres. J'ai le temps d'admirer le paysage et de m'adapter à la température. Il fait 28 °C dehors, mais le bus est climatisé et muni de rideaux afin d'empêcher les rayons du soleil d'y pénétrer. J'ouvre malgré tout mon espace fenêtre pour voir défiler le paysage. La mission commence sur une bonne note... J'ai pu prendre un café, le dernier peut-être pour plusieurs jours, et manger un bon riz. De la gare d'autobus de la ville la plus près, nous retenons un tuk-tuk et, les cheveux au vent, nous roulons sur la moto typique qui dévore les quelques kilomètres jusqu'au Temple des Tigres. Nous arrivons sur le coup de 14 heures. Margarita nous accueille à bras ouverts.

« Beaucoup de choses ont changé depuis un an. D'abord, Tom n'est plus ici. Il est parti en Australie, amenant avec lui son jeune protégé, Bô, qui poursuit ses études là-bas. L'équipe des jeunes gardiens est presque inchangée. Seulement quelques nouveaux. Mais notre maître, le père abbé Chan, a maintenant un adjoint très spécial, un conseiller appelé Carlos. Je vous accompagne à la maison... Nous aurons tout le temps d'en parler, croyez-moi.

— J'ai bien hâte de faire le tour ; de voir comment ça se passe maintenant. C'est quand même drôle, je me disais que j'arrivais en milieu connu, mais je me rends compte que rien n'est figé dans le temps. Mes souvenirs de l'an passé sont à classer, si je comprends bien. Heureusement que tu es là,

Margarita… Au moins je sais que je peux compter sur un point de vue clair et amical.

— Moi, j'ai l'impression que les choses changent tellement lentement que j'en use ma patience. Mais tu as raison, les derniers mois ont été assez mouvementés. Je vais tout te raconter. »

Avec la jeep, nous pouvons faire le tour et expliquer à Dany les différentes installations qui se trouvent sur place. Là, la cage de Mam-Mam ; plus loin, de l'autre côté, le nouvel enclos de Zabeth, la femelle léopard ; et, comme les touristes sont là, le canyon où les tigres se laissent prendre en photo sous un soleil de plomb, juste en bas, en suivant ce sentier.

« Et plus loin, par là… c'est l'île aux tigres qui commence à prendre forme. Le canal n'est pas encore rempli d'eau, mais les travaux avancent. Il faut encore trouver les ouvriers… c'est ce qui manque le plus actuellement, ajoute Margarita en soupirant. Mais le gros ouvrage est fait. Les aménagements représentent à peu de chose près 20 % des travaux. C'est ce qui reste à faire avant de mettre le tout à l'épreuve. »

Je m'informe des animaux. Y a-t-il eu des naissances ? Des pertes ?

« Nos tigres se sont reproduits : 11 bébés sont venus au monde récemment. Ils sont bien imprégnés à l'humain, mais, cette fois, nous voulons leur permettre de grandir en liberté. Tu auras à m'épauler, car, tu le sais, les traditions de type poulet bouilli et séances de photo quotidiennes sont tenaces…, dit-elle en riant. Mais comme tu dis, les choses doivent changer. »

La chaleur et la poussière sablonneuse me piquent les yeux. Dany admire les lieux et s'intéresse beaucoup au nouveau projet. L'île aura quelle superficie ? Les tigres pourront-ils y chasser comme en pleine jungle ? Comment les touristes vont-ils réagir ?

« Je vous montre les plans dès demain. Évidemment, notre but est de laisser les jeunes tigres revenir progressivement à la vie sauvage, tout en étant à portée de vue des touristes. Les contacts vont-ils progressivement disparaître ? Comme vous voyez, il y a encore des centaines d'adeptes de ce type de tourisme qui viennent chaque jour. Pour eux, repartir sans quelques photos sensationnelles n'est pas envisageable. Ils sont à la fois en demande pour obtenir le trophée et signent des pétitions pour que les tigres retrouvent la liberté. Malgré tout, nous devons trouver l'approche qui saura concilier les deux points de vue, sans perdre nos revenus. »

Lorsque la jeep me dépose devant la maison des femmes, il est 16 h 45 et Margarita doit nous quitter. « Le repas de bienvenue sera servi à la halte près de l'accueil dans quelques minutes », ajoute-t-elle en se retirant.

Dany sera logé chez les moines. Il va déposer ses valises pendant que je fais le tour des lieux où j'ai été hébergée lors de mon séjour précédent. L'absence de meubles et d'équipement de salle de bains me confirme qu'aucun miracle de modernisation ne s'est produit ici. Les carreaux de céramique sont toujours aussi lustrés que des sous neufs et aussi durs que le marbre. Ma première nuit risque d'être assez rude, même si, cette fois, j'ai apporté un petit matelas de caoutchouc mousse en plus de mon oreiller.

Dany ne semble pas s'en faire avec l'inconfort du monastère. Du moment qu'il peut avoir accès à un ordinateur, il s'adaptera à l'environnement, quel qu'il soit, m'a-t-il affirmé.

Je retrouve l'exotisme du paysage, passant de longues minutes à la fenêtre pour voir le soleil s'éteindre derrière la colline. Le cheptel d'animaux domestiqués s'est agrandi depuis l'an dernier. Plus de 300 bêtes partagent maintenant la grande prairie où l'herbe se fait rare. L'arche de Bouddha !

Le contenu du panier de type « souper de bienvenue » est savoureux, et je parle beaucoup à Dany, lui relatant mon expérience de l'an dernier avec suffisamment de détails pour qu'il puisse entrer dans le vif du sujet dès le lendemain. Sa collaboration sera essentielle lors des séances de formation en groupe, qui auront probablement lieu l'avant-midi, et des séances de formation individuelle qui seront nécessaires. Évidemment, il va adapter mes contenus du français vers le thaï à l'écrit et, oralement, de l'anglais vers le thaï pendant les rencontres. Je serai ainsi en mesure de laisser à Margarita des fiches de formations complètes qu'elle pourra utiliser après mon départ.

La fatigue aidant, à 21 heures, je suis claquée. Un sommeil lourd, hanté par des rêves monstrueux où toutes les peurs s'affrontent, m'apporte néanmoins un certain repos. Aux premières lueurs du jour, je suis à la fenêtre. Je retrouve le premier des matins du monde, alors qu'un soleil immense se hisse à l'horizon, inondant de lumière le plus grand zoo à ciel ouvert qu'il m'ait été donné de voir. Sous un climat brûlant, la vie se bat pour triompher et elle y parvient en dépit des conditions rudes dont ce continent a hérité. Ce qui m'émerveille, c'est cette faculté d'adaptation qui réunit tous les êtres vivants dans un seul et même combat : survivre ! Je m'en veux un peu d'avoir gardé ce sentiment idéaliste, poétique, pour le renouvellement de la vie. Ce n'est pas très scientifique. Or, la beauté est partout et surtout là où on souhaite la voir. Un bref instant, je la redécouvre, je la savoure même.

À 8 heures, Margarita vient nous rejoindre, Dany et moi, et le bal des activités du jour un est lancé. Je retrouve l'impressionnante parade des tigres qui, afin d'agrémenter l'oraison du matin, montent les marches du Temple pour aller rejoindre le père abbé Chan. Celui-ci m'apparaît plutôt abattu : il a vieilli et son regard est plus sombre, me semble-t-il, sous ses lunettes d'écaille noires. Je retrouve mon réflexe du *wai* pour le saluer, sans qu'il me voie, bien entendu. Il médite avec, à ses côtés, un homme que je ne connais pas. Une vingtaine de moines en tenue safran participent au mantra, puis on sert le repas.

« Le nouveau venu dont je voulais vous parler, c'est cet homme, qui serait le fils spirituel du père abbé Chan. Il s'appelle Carlos. C'est un Cubain d'origine qui a fait fortune avant d'atterrir ici, très amoché par la vie et les excès de toute nature. Il est arrivé il y a six mois, condamné par les médecins à une mort lente, une forme de cancer incurable. Il a demandé au père abbé de l'accueillir comme étudiant. Il a vécu ses trois premiers mois avec les moines, à étudier les enseignements de Bouddha. Par après, il a longuement parlé avec notre chef, qui nous a ensuite annoncé que Carlos était désormais considéré comme son conseiller spécial. Il semble que Bouddha lui ait enseigné une nouvelle façon de vivre et que sa maladie ait disparu. Or, depuis quelques semaines, tout le monde a remarqué que maître Chan est languissant : on murmure qu'il aurait pris la maladie de Carlos sur lui pour lui permettre d'assurer la relève du Temple des Tigres. Mais après trois mois d'apprentissage, le beau Carlos n'en pouvait plus de rester tranquille. Il est parti à Bangkok, puis est revenu un beau matin avec le titre de superviseur. Il a en quelque sorte remplacé Tom avec, en plus, un accès privilégié au père abbé Chan.

— Est-ce possible ? En si peu de temps, devenir moine, gagner la confiance du père abbé, vivre une guérison, quitter le monastère, puis obtenir un poste-clé ? C'est un roman ou un conte de fées ? demande Dany, sceptique.

— Évidemment, cette relation est surprenante et, sans le devoir de respect qui lie tout le monde ici, bien des questions seraient posées et mériteraient de l'être. Il possède une grande fortune, ce Carlos. Le père abbé a-t-il voulu mettre le Temple des Tigres à l'abri du besoin ? Il semble avoir fait une importante dotation. D'autres hypothèses circulent, mais ce n'est pas à moi de valider leur fondement. Je vais vous le présenter après la cérémonie. Il parle anglais comme vous et moi. Il est devenu bouddhiste, mais c'est un homme d'affaires avant tout, cela dit sans méchanceté aucune. »

Lorsque les moines se retirent, le père abbé Chan et son protégé méditent un moment côte à côte, puis sortent du Temple pour marcher avec les tigres et les gardiens avant l'arrivée des visiteurs.

J'indique à Dany que, dès le lendemain, c'est cette période qui sera utilisée pour reprendre la formation en groupe. Je trouve qu'il s'intègre facilement, mon nouvel interprète : la communication passe bien entre lui et Margarita. J'ai confiance de réaliser une mission des plus efficaces, mais qui sait ce que la vie nous réserve ici. Derrière le sourire des gens se profile une culture encore très nébuleuse pour moi.

* * *

Carlos semble craintif face aux animaux, je le remarque au premier coup d'œil. Margarita lui fait signe de venir nous rejoindre. Il délaisse donc la compagnie des moines qui poursuivent leur marche quotidienne, entourés des tigres qui ont assisté à leur déjeuner. Il est petit et nerveux, à peine 1,50 mètre, toujours à bondir d'un pied sur l'autre. On lui avait déjà annoncé mon arrivée, mais notre premier contact est cependant plutôt froid.

« Voilà la belle qui dompte les fauves ! Le Canada a trouvé en vous une représentante très appréciée ici, d'après ce que j'ai entendu dire. Je vous souhaite un bon séjour, dit-il, en me lançant un regard de spécialiste en évaluation des attributs sexuels féminins.

— Heureuse de vous connaître, dis-je en lui présentant une poignée de main purement protocolaire. Voici mon interprète et traducteur Dany, un garde du corps doublé d'un ami. »

La taille de Dany semble l'impressionner. Serait-il complexé ? À la vue de cet athlète des arts martiaux, Carlos n'a soudainement plus envie de flirter avec moi… Il prétexte un appel urgent à faire et nous quitte en s'assurant qu'aucun tigre ne se trouve dans les parages.

C'est Margarita qui commente cette trop brève rencontre. Sa réaction ne ment pas : elle aurait aimé qu'il soit un peu plus chaleureux.

« Il agit toujours comme s'il avait quelque chose à cacher… Je mettrais ma main au feu que cette histoire d'appel n'est qu'un prétexte. Dany l'a impressionné par sa taille et toi, Jacinthe, par ta confiance en toi… Tout le monde lui a parlé de ton travail de l'an dernier et il ne se sent pas sur un terrain où il peut dominer. C'est un drôle de personnage : il aime jouer seulement lorsqu'il se sait gagnant d'avance. Et face à vous deux, considérant sa peur des tigres, il a préféré fuir… Mais vous aurez tous les deux l'occasion de vous faire votre propre idée de ses motivations à travailler ici. Il semble que le bouddhisme le rende meilleur, lui permette de gagner des mérites pour effacer ses erreurs du passé. Bref, il abuse de tout ce qui lui fait plaisir sans aucun scrupule et, le lendemain, il joue les repentants, une larme au coin de l'œil. Quel bon comédien ! Mais assez de commentaires mordants. Si nous allions rendre visite à nos meilleurs amis, ceux en qui nous pouvons avoir confiance, la plupart du temps… les animaux ! »

Nous emboîtons le pas à cette guide vive et passionnée. Les tigres en isolement sont un peu plus nombreux que l'an passé. Il me semble à première vue que leurs conditions de vie se sont un peu améliorées. La verdure, quelques objets dans les cages, moins de mouvements répétitifs ; cela me donne une impression assez favorable. Les gardiens ont appliqué quelques-unes de mes recommandations.

Lorsque nous approchons de la clairière où cohabitent les animaux domestiques, je sens mon cœur se serrer.

« Chaque matin, nous recevons une montagne de moulée pour chien et un conteneur de restes de légumes, explique Margarita. Ils doivent se partager tout ça, car nous n'avons rien d'autre pour eux. »

Les lieux sentent la décomposition et les excréments. J'hésite un instant afin de trouver des mots qui peuvent décrire mes émotions. La révolte me gagne :

« Mais ce sont des herbivores ! Les vaches et les chèvres ont besoin de foin. Regarde les chevaux… Ils sont si maigres. Sur leurs flancs, les plaies sont toutes infectées. Ils ne sont jamais lavés et soignés ? Les porcs sont évidemment rois et maîtres ici, car ils mangent de tout, incluant les restes d'animaux morts. C'est à croire qu'on garde tout pour les tigres et rien pour les autres animaux. Dis-moi que je me trompe ! C'est horrible de voir ça ! »

Margarita craignait, à juste titre, ma réaction. Que peut-elle y faire ? Elle admet une absence de ressources et surtout de l'indifférence… culturelle.

« Les moines endossent la mission de protéger les animaux, mais, entre l'engagement des premiers et les conditions d'existence des deuxièmes, il y a un écart difficile à comprendre. Plusieurs animaux meurent de faim ou d'une quelconque maladie. La vie qui est donnée peut être reprise à tout moment. Ici, personne ne décide ; or, comme tu le vois, la famine et la concurrence interespèces jouent sur le destin.

— Mais les chevaux ont une utilité, non ? Et les chèvres aussi. Quant aux vaches, elles pourraient rapporter avec leur lait de quoi nourrir les moines. Il en est ainsi des poules. Je ne comprends pas pourquoi on laisse ces animaux productifs errer et vivoter au lieu d'organiser la ferme avec cohérence. Ce que je vois là, c'est l'enfer de la destruction et non le respect pour la vie animale. »

Mon indignation est partagée par Dany, qui se désole. La vingtaine de chevaux très négligés se languit, sans eau et avec si peu de verdure à se mettre sous la dent. Il n'en revient pas. C'est impensable, cette anarchie !

« Les tigres sont la seule vache à lait du monastère... Les autres animaux sont recueillis par compassion, ajoute Margarita à bout d'arguments. Je voudrais bien améliorer leur sort, mais j'ai si peu de moyens et d'écoute que c'est peine perdue. »

Nous nous éloignons de ce vaste périmètre et je mesure ma déception. Au lever du soleil, ma vision matinale était celle d'un parc idéalisé où la paix et la symbiose existaient : sur terre, il y avait ce petit bout de paradis. Je viens de découvrir qu'en fait cette image parfaite n'est qu'une illusion. En superposant les deux tableaux, je déchante. Tous les animaux ici vivent dans des conditions précaires... tous, sauf peut-être les porcs qui tirent profit de cette négligence.

« Au tournant de la vingtaine, j'avais une fermette dans une zone forestière près de Trois-Rivières. C'est à cet endroit que j'ai commencé à faire de l'élevage de chiens pure race colley. J'avais des chevaux magnifiques. Les moines ne sont pas des éleveurs. Si le personnel avait une formation vivrière, les moines pourraient tirer parti des espaces, du sol, du climat et aussi des animaux, à des fins d'alimentation. Tout le monde y gagnerait. Pourtant, rien ne se fait. Quelle désolation ! »

Margarita nous amène dans un recoin caché par des arbres squelettiques. Très exposée au soleil et au vent, la végétation y survit avec peine. En m'approchant, je vois une petite cage de métal de moins de 1 mètre sur 1,50 mètre où se trouve un aigle blessé. Il a perdu une aile, ce qui évidemment l'a rendu inapte à la chasse. Des gens l'ont recueilli et remis aux moines. Je demande à Margarita depuis combien de temps il est là.

« Presque 18 mois, je pense, précise-t-elle. Personne n'en parle pour éviter les réprimandes. C'est un charognard redoutable, mais, infirme, il serait rapidement mort de faim. Le poulet bouilli ne lui convient pas vraiment. En cachette, les gardiens lui apportent des restes de carcasses ou des serpents qu'ils ont attrapés.

— Mais je ne peux pas croire que vous ne pouvez pas lui trouver une cage plus grande. Vous en avez qui ne servent pas… Il faudrait le sortir de cette zone aussi et le rapprocher des autres animaux. Il va reprendre des forces et continuer sa vie dans de meilleures conditions.

— Ça, je peux le faire, dit Margarita, plutôt déçue par son manque de ressources. Je vais m'y attaquer dès que possible. Tu as raison de me suggérer ainsi des petites actions… parce que les grosses décisions, c'est plutôt une source de perpétuelle frustration, comme tu vois. Si je ne veux pas perdre mon enthousiasme, il faut trouver des améliorations réalisables et stimulantes. Tu vois, à peine quelques heures de présence ici et tu as trouvé déjà plusieurs suggestions très pertinentes. Toi aussi, Dany, tes idées peuvent nous apporter quelque chose, j'en suis convaincue. »

Nous regagnons la zone des tigres que l'on garde en captivité parce qu'ils sont trop agressifs pour accepter les contacts humains. Je reviens sur un point qui m'apparaît très important : l'avenir de ces félins.

« Tu es ici depuis des années. Qu'est-ce qui les attend ? Comment vont-ils finir leurs jours, selon toi ? »

Margarita semble troublée par mes questions. Elle aime ces animaux-là, elle les voit évoluer au fil des mois et sans doute est-elle préoccupée comme moi par leur avenir.

« Tant que nous n'avons pas de soins vétérinaires à leur donner, ils vivent en subissant les détériorations normales de l'âge et de l'inactivité. Ils dépérissent jusqu'à ce qu'une infection se déclenche. Nous en avons perdu deux comme ça récemment. Les parasites, les conditions de captivité restreinte, la génétique aussi et la consanguinité entraînent un vieillissement prématuré. Tu connais ces conditions aussi bien que moi. Je me sens responsable, tu vois, de ne pas leur offrir mieux. Chaque fois que j'en perds un, c'est comme si j'avais laissé mourir un ami sans rien faire pour le sauver, en étant même impuissante à alléger ses souffrances. »

Évidemment, dans la nature, ils auraient aussi vieilli. La mort est un phénomène inévitable pour lequel nous n'avons pas de solution. Mais pendant leur existence, nous avons la responsabilité de donner aux animaux des conditions de vie correctes lorsque nous les avons pris en charge, comme c'est le cas ici.

Dans l'une des cages se trouvent deux jeunes lions que je n'avais pas encore vus. Je m'approche, curieuse de mieux les examiner.

« Un bon matin, le vieux tigre qui était dans cette cage n'y était plus. Il y avait ces deux lionceaux à sa place. Je ne sais pas comment ils sont arrivés ici… Mais ce doit être de nuit, puisque je passe mes journées sur les lieux. Je n'ai rien su et mes questions sont restées sans réponses. Un échange ? Je crois que Carlos connaît leur petite histoire, mais il n'a pas assez confiance en moi pour me raconter comment ces deux bébés sont arrivés ici. Nous avons commencé l'imprégnation humaine. Ils semblent en excellente santé. Tu vas les faire travailler un peu. Je compte sur toi. »

Qui aurait accepté de troquer un tigre sur le déclin contre deux lionceaux ? Assez inégal comme échange, me semble-t-il. Un doute germe dans ma tête. Les transactions de nuit comme celles-là ont quelque chose de nébuleux. Carlos serait-il mêlé à des combines illégales ? La consigne du silence est largement répandue en Thaïlande. Le discours officiel ici n'est-il pas de déclarer que le pays ne connaît aucune difficulté : pas de drogue, pas de prostitution et un amour inconditionnel pour ses gouvernants ? L'utopie par excellence !

J'ai une grande admiration pour Margarita, qui assume ces contradictions sans perdre son enthousiasme depuis une dizaine d'années. J'aime son approche même si parfois les habitudes culturelles ont le don de me mettre hors de moi. Ce qui n'est pas blanc… Mais je n'ai pas à la confronter. Je crois qu'elle a davantage besoin d'appui que de pression, ma grande amie russe. Alors je lui offre mon aide, inconditionnellement.

« Nous allons toutes les deux tenter de trouver des solutions réalistes pour que les perspectives du vieillissement et de la captivité soient moins cruelles, dis-je. Les zoos ont aussi cette réflexion à faire, partout dans le monde. Plusieurs chercheurs se penchent sur des approches nouvelles. Ici encore plus qu'ailleurs, il existe très certainement des mécanismes d'accompagnement qui incluent à priori l'enrichissement, l'activité régulière et la socialisation sans doute aussi… Nous allons y réfléchir. Tu m'inspires, toi ! »

* * *

Les gardiens retournent à leurs occupations après avoir participé avec intérêt à la deuxième formation de groupe. Nous reprenons la matière enseignée l'an passé afin de faire une mise à niveau pour tous. Parmi mes étudiants les plus motivés, il y a Carlos qui, en leader influent, veut maintenant prendre des leçons particulières de dressage au clicker. Qu'est-ce qui se cache derrière cette apparente motivation ? Veut-il trouver une façon de m'influencer ? Je me promets de garder l'œil ouvert pour tenter de décoder ses intentions.

« Il faut d'abord vous débarrasser de la peur que vous ressentez face aux tigres, lui dis-je pour l'amener à se remettre en question.

— Je n'arrive pas à me sentir en sécurité avec les tigres. Lorsque le père abbé Chan est à mes côtés, les tigres restent calmes. Mais je tremble de peur dès que j'ai à en croiser un quand je suis seul… C'est une phobie, je pense. Comme la peur de l'eau ou du noir, me dit-il nerveusement. Mais j'apprends très vite. »

Il me regarde sans me voir, agité par des pensées que je ne décode pas encore. Je n'ai pas les compétences requises pour le psychanalyser, mais je sens très bien l'ambiguïté de sa personnalité. Nous avons discuté quelques heures ensemble sans que je me sente à l'aise avec lui. J'en ai touché un mot à Margarita.

« Je veux bien lui apprendre tout ce que je sais sur le clicker, mais je doute un peu que ce soit efficace. On dirait qu'il veut dominer les tigres au lieu de les connaître.

— Je te fais assez confiance pour te donner mon impression. Cet homme nous cache quelque chose. Il est malade, puis guéri ; il cède une partie de sa fortune au profit du Temple et le père abbé lui donne un super gros camion pour le récompenser. Il joue sans arrêt avec les gens, oscillant entre la compassion et le pouvoir. Il négocie sa vie comme s'il la jouait à la roulette russe. Je pense qu'il n'en a pas terminé avec ses démons intérieurs, si tu vois ce que je veux dire…

— Comment se fait-il que le père abbé l'ait pris sous son aile alors ? C'est un homme qui peut aisément lire dans l'âme des gens… Où est passée sa sagesse ?

— Carlos est habile. Il l'a d'abord étudié… bien plus, selon moi, que les préceptes du bouddhisme, au cours des trois mois d'enseignements. Puis il a fait jouer des arguments qu'eux seuls connaissent. Tu vois le tableau : l'adoption s'est passée en trois phases précises. Il a gagné la confiance du père abbé et a médité avec lui pendant toute une nuit ; il lui a dit que dans une autre vie le père abbé était son père, lui révélant des souvenirs communs. Puis, aussi invraisemblable que cela puisse paraître, l'annonce de la promotion s'est faite quelques jours après. Est-ce un habile manipulateur ? Je me le demande… Si l'avenir du Temple est entre ses mains, que va-t-il se passer ici ? s'inquiète Margarita.

— Crois-tu que les projets en cours obtiendront son aval ? Crains-tu pour la mission de protéger les tigres, de leur redonner une vie plus conforme à leur nature ? »

Margarita hésite. Elle voudrait bien laisser la chance au coureur, comme on dit, et ne pas lui prêter d'intentions douteuses. Mais elle ne cache pas ses craintes.

« Je l'ai observé attentivement. Il n'aime pas les animaux, pour des raisons que j'ignore encore. Là aussi, il m'a parlé d'un karma pénible dans une autre vie. Il a longuement étudié nos projets : l'île et la philosophie de semi-liberté, le tourisme sans contacts, la fin des longues files de photographes amateurs. Il m'a dit qu'il allait faire capturer un compagnon pour la léopard femelle afin qu'elle puisse s'accoupler. Il aime bien regarder les ébats des animaux. Il a aussi lancé un appel à tous les zoos pour échanger un tigre contre un ours brun d'Asie. Mam-Mam aura aussi un compagnon sous peu. Je pense qu'il se méfie un peu de moi. Peut-être en apprendras-tu plus sur lui par toi-même, la *teacher* ! »

Le lendemain, j'informe Carlos que je vais faire travailler les bébés tigres après la classe du matin. Il m'accompagne, désireux de mettre en pratique les premières notions de clicker. Nous allons vers les cages qui sont sur le plateau, maintenant bordé d'arbres à feuilles qui donnent un peu d'ombre et une certaine ventilation. J'ai une bonne pensée pour Jane. Je projette de lui envoyer une photo pour lui montrer les résultats de ses efforts et lui faire part des derniers changements aussi.

Pour commencer l'entraînement des tigreaux, je dois d'abord vérifier s'ils acceptent bien la manipulation. Je joue avec eux, je les laisse se rouler par terre et ils montent sur moi. Carlos devrait faire de même, mais il reste figé dans son coin.

« Ils sont inoffensifs. Ils aiment le contact humain. C'est d'ailleurs l'une des forces du Temple, de les imprégner très tôt. Ils grandissent avec les humains comme avec des amis. Plus ils sont en contact avec des gens et moins ils se méfient d'eux. Jusqu'à l'âge de deux mois, ils vont développer leurs gènes de la familiarisation. Plus tard, leur instinct de prédation va s'installer de lui-même. Venez ! Pour vous aussi, la confiance passe par la manipulation. Tenez, prenez celui-ci et jouez un peu avec lui. Ce qu'il peut faire de pire, c'est de vous tatouer son nom sur le bras ou la main… sans aucune malice ! »

Carlos est raide comme une barre de fer. Il tremble en approchant sa main pour prendre le bébé tigre que je lui présente. Je n'avais pas remarqué ces tremblements avant, mais je me demande si ce sont les circonstances ou le fruit de quelque autre habitude personnelle – l'usage de stupéfiants, par exemple.

« Détendez-vous. Il est gentil comme une peluche. »

Je le laisse tranquille un moment, espérant que, dans mon dos, il sentira moins la pression. Pendant ce temps, je commence à cliquer l'attention du plus âgé des tigreaux, qui achève sa période d'apprentissage. J'ai une boîte de nourriture pour chats, et il adore ça. Récompense. Je demande un assis. Récompense. J'enchaîne en demandant l'attention et la position assise. Récompense. Je demande l'immobilité pour un instant. Reste là. Puis les trois mouvements. Il écoute super bien. Carlos m'interrompt.

« Est-ce que je peux essayer de faire ça avec le mien ? J'aimerais mieux apprendre à le dresser plutôt que de juste jouer. Je veux voir s'il va m'écouter.

— Le jeu permet de créer un premier contact. Il faut essayer de l'observer d'abord, être capable de capter son attention, de gagner sa confiance. Sans cela, les résultats ne seront pas aussi faciles. »

Mais son regard insistant me convainc de lui laisser faire le test. Je lui remets le clicker et je me contente de le guider. Sa nervosité n'aide pas. Il clique trop tôt ou trop tard. Je lui demande de reprendre plus systématiquement. D'abord l'attention. Le tigreau se sauve, va rejoindre les autres. Comme un enfant gâté, Carlos s'impatiente.

« Ce n'est pas un bon sujet. Je vais essayer avec celui que vous aviez », dit-il en espérant que ce que j'ai d'abord réussi sous ses yeux sera simple à refaire.

Le tigreau n'interagit pas avec lui. Je lui redis qu'il faut d'abord créer la confiance. Nous reprenons avec un troisième nourrisson. Le jeu, le plaisir, la confiance.

« Imaginez que vous avez cinq ans et que c'est votre chaton... Jouez simplement avec lui. Caressez-le, laissez-le monter sur votre bras, votre épaule, se rouler dans votre cou. Tous les enfants aiment ça ; c'est tellement doux...

— Je vais essayer, dit-il de bonne foi. Après tout, si vous êtes là, je n'ai rien à craindre, n'est-ce pas ? »

Il se couche sur le côté et, de sa main droite, caresse le bébé et le fait rouler sur le dos. Je le vois sourire pour la première fois. Il se détend enfin. Le bébé grimpe sur lui, le mordille un peu à l'oreille, glisse sur son dos et Carlos se tourne pour suivre ses mouvements de l'autre côté. Il y a une forme de reconnaissance mutuelle qui s'installe. Je constate un changement d'attitude. Je tente de me rapprocher de lui pour lui montrer son progrès.

« Prenez-le devant vous et regardez-le en jouant avec lui et en le tenant entre vos mains, sans qu'il touche le sol. Il faut qu'il suive vos yeux, qu'il capte votre regard. »

La relation s'affirme. Je dis donc à Carlos de déposer le tigreau et de cliquer dès que l'animal le regarde. À la seconde même. Un peu de nourriture marque le plaisir d'avoir fait le contact. Puis on essaie de nouveau. Et encore. Le commandement « assis » prend plus de temps, mais Carlos finit par créer la première chaîne de comportement. Et le reste vient ensuite. Plus de deux heures plus tard, Carlos bat des mains comme un enfant.

« J'ai réussi... Je suis capable d'entraîner un tigre. Tu parles ! Et même pas une égratignure...

— Ce tigre va se souvenir de vous toute sa vie durant. Vous pourrez jouer avec lui et lui demander des mouvements d'obéissance sans crainte. Évidemment, il va devenir adulte et là, ses gènes de tigre vont se réveiller... D'ici là, vous avez le temps d'améliorer votre habileté.

— C'est magique, votre truc ! dit-il en désignant le clicker. Est-ce que je peux en avoir un rien qu'à moi ?

— Bien sûr ! J'en ai apporté quelques-uns pour les cours. Avant de repartir, je vous en remettrai un. Pour l'instant, ils me sont utiles en classe. Mais l'ambiance très calme des lieux, pendant la journée, devrait normalement vous aider à prendre confiance en vous. Il faut vaincre votre peur. Savez-vous d'où elle vient ? En connaissez-vous la cause ? »

Carlos hésite à me confier l'origine de sa crainte, à moins qu'il ne veuille simplement me lancer sur une fausse piste.

« Dans une autre vie, j'ai été victime d'une meute d'animaux sauvages. Mon nouveau karma est maintenant de faire la paix avec eux. C'est pourquoi je suis ici. J'ai renoncé à beaucoup de choses depuis un an, car je veux m'élever vers la perfection. Bouddha me demande de devenir l'ami des autres créatures vivantes, en commençant par celles que je crains le plus. »

Si Margarita ne m'avait pas suggéré de rester critique devant les belles paroles de Carlos, je n'y aurais vu que du feu, à son explication. Mais j'ai devant moi un excellent comédien.

« Je fais souvent un cauchemar qui me place au centre d'une meute où je suis dévoré, dépecé ; j'agonise lentement sous les coups de pattes et de dents, comme si j'étais une petite souris. Moi qui aime me sentir fort, me mesurer aux défis les plus difficiles, ce rêve réduit mon ego à zéro. J'ai entendu parler d'un monastère, pas très loin d'ici, où on pratique le tatouage de l'invincibilité. J'ai demandé à me faire tatouer une tête de tigre lors de la prochaine cérémonie. C'est une sorte d'exorcisme… J'espère être guéri de ma peur. Plus, même, je souhaite oublier cette hantise et vivre le reste de ma vie en harmonie avec tous les êtres vivants. Ce tatouage fera de moi un homme à qui rien ne peut arriver de mauvais. Ma force et mon pouvoir seront incontestables.

— Invincible ! Wow ! Un tatouage peut faire ça ? Avec le métier que je fais, il suffirait de me faire tatouer l'espèce animale que je crains pour me protéger ? C'est presque magique, votre solution ! J'ai toujours pensé que les croyances sont dans l'homme et non dans les dessins... Vous avez déjà un grand nombre de tatouages aux épaules et aux bras. Est-ce une façon de vous sentir plus fort que vous ne l'êtes en réalité ?...

— J'ai besoin de m'affirmer. Soit dit entre nous, ajoute-t-il sur le ton de la confidence, j'ai même fait tatouer mon... sexe : un dragon mythique qui se déploie avant de cracher du feu. Je ressens un tel sentiment de puissance depuis ce jour que j'ai atteint des sommets de plaisir que vous ne pouvez même pas soupçonner. Je crois que la représentation animale s'incarne dans l'homme tatoué pour le faire s'élever dans sa spiritualité, pour servir d'intermédiaire entre la condition humaine et cet état de divinité dont il rêve depuis toujours. »

Ces propos me laissent perplexes. En quoi un phallus tatoué est-il plus divin ? Y aurait-il l'ombre d'une obsession derrière cet attrait pour le sexe mythifié ? Margarita m'a dit qu'il aimait les scènes d'accouplement. Cela soulève quelques questions de plus sur cette personnalité troublante. Je trouve que la conversation prend une tournure bizarre.

« À chacun ses croyances. J'ai bien hâte de voir comment vous réagirez après le fameux tatouage de l'invincibilité. Je n'ai jamais été amenée à observer un tel phénomène de toute ma carrière. Ce sera très intéressant de comparer votre attitude avant et après. Les tigres deviendront peut-être réellement vos meilleurs amis. Comme on m'a dit que vous avez beaucoup d'influence auprès du père abbé, donc sur les conditions de vie des tigres, je m'en réjouis. Ce sera l'une des meilleures garanties de les voir respectés en tant qu'espèce ayant besoin de retourner à la nature. Êtes-vous en faveur de leur retour à la nature ?

— La philosophie bouddhiste nous rend responsables de leur bien-être. J'estime que leur vie sur l'île sera bien meilleure que celle qu'ils ont maintenant. Je plaide pour ce changement. Mon influence porte d'ailleurs ses premiers fruits. »

Carlos me regarde avec intensité. Je constate que l'évocation du pouvoir absolu que représente sa nomination comme conseiller du père abbé lui procure un immense plaisir. Il redresse la tête, son torse se gonfle et un sourire se dessine sur ses lèvres.

« Dès que je serai certain de mon autorité au sein de l'organisation du Temple des Tigres, je leur ferai cadeau d'une liberté plus grande afin de respecter leur nature profonde. Le contact avec les humains ne se fera plus qu'à des occasions privilégiées. L'homme doit apprendre à ne plus soumettre les animaux à un esclavage forcé, alimentaire, lucratif. L'équilibre de la nature est un aspect sacré des enseignements de Bouddha. Le saviez-vous ?

— L'île aux tigres sera donc achevée ? Et les touristes, dans tout ça ?

— Le conseil d'administration a déjà donné son accord. Une campagne de publicité mondiale sera lancée l'an prochain, sur mes recommandations, afin de refaire l'image du Temple des Tigres. Nous allons devenir un modèle absolu, une référence indiscutable dans notre approche de respect ; avec l'internet, ce sera diffusé partout. Finie, la captivité réduite... Il faut de l'espace pour chaque espèce. Ce virage idéologique fera sensation. Justement, en parlant média, j'ai accepté une demande d'entrevue de la part d'une journaliste de votre pays. Elle s'appelle May, elle travaille pour la radio nationale canadienne et elle arrive dans deux jours pour réaliser un portrait culturel.

— Lui avez-vous dit que j'étais ici ?

— Elle m'a dit qu'elle était curieuse de voir comment une spécialiste en comportement animal venue du Canada pouvait entraîner des tigres en Thaïlande. Votre présence ici n'est pas étrangère à sa venue, je pense. J'espère donc votre collaboration afin de donner une image positive des transformations qui sont en train de s'opérer. Je compte sur vous pour faire le contrepoids, car nos détracteurs sont plus virulents que jamais. Sur le web, on ne se gêne pas pour dénoncer ouvertement l'accès aux tigres par des touristes qu'on qualifie d'exploiteurs, d'ignobles abuseurs, ni plus ni moins. Une vraie campagne de démolissage ! dit-il en serrant les poings.

— Je ne mens jamais. Je me ferai un plaisir de témoigner des progrès qui ont été faits, en quelques mois, car de cela je peux abondamment parler. Pour le reste, je verrai bien l'orientation que prendront les questions. Mes opinions vont demeurer très professionnelles, c'est la certitude que je vous donne.

— Cela me suffit ! Je sais que vous êtes une femme entière et que les tigres peuvent compter sur vous pour les défendre, à la vie à la mort. Je dois vous quitter maintenant. Je reprendrai ma leçon particulière demain… »

Carlos s'éloigne à pas lents. Lorsqu'il se promène seul, il s'appuie sur un long bâton dans tous ses déplacements. Est-ce pour cela que les tigres le craignent ? Un mouvement brusque de ce bâton peut réveiller brutalement leur agressivité. La peur est souvent un phénomène de réciprocité. Quand un homme a peur, il lui arrive de provoquer très directement les événements qu'il craint. Avec tout ce que Carlos m'a révélé en quelques minutes, je regrette l'absence de mon amie psy.

Décidément, les réponses que j'obtiens au Temple des Tigres ne sont jamais très précises. On me dit oui en face, mais, dès que j'ai le dos tourné, personne ne se sent responsable de faire changer les choses. J'ai parfois l'impression de prêcher dans un désert, celui de l'indifférence. À qui faire confiance ? Seule Margarita tient un discours cohérent. Tout autour, les faux engagements se succèdent comme si c'était normal de donner raison aux étrangers qui, de toute façon, repartiront.

* * *

« C'est un drôle de numéro, ce Carlos, me dit Dany sans prendre de détour. Il n'arrête pas de se vanter de ses conquêtes. Hier soir, nous avons passé une heure ensemble. Il voulait m'impressionner, je pense. »

Nous sommes tranquillement assis dehors, comme nous le faisons le soir après le repas, question de faire le point sur le travail. Le calme des soirées est aussi propice aux confidences. Comme Dany n'est pas autorisé à venir dans la maison des femmes et que je suis moi-même interdite de séjour dans celle des hommes, nous avons trouvé notre zone commune, près de l'accueil, là où les touristes défilent en temps normal. C'est une sorte de terrain de pique-nique avec des tables surmontées de toits de chaume. L'air y est tiède. Nous partageons une bière.

« Il dit qu'il est marié et qu'il a des enfants, quelque part dans l'arrière-pays, continue Dany. Il se serait assagi, selon son expression. Mais cela ne l'empêche pas de fréquenter des bordels de temps à autre pour exprimer ses pulsions. Il prétend qu'il est habité par des démons et que son comportement sexuel débridé est plus fort que lui, comme si un autre être le poussait à agir ainsi, en dehors de sa volonté. Qu'est-ce que tu penses de ça ?

— Il a une sacrée bonne dose d'imagination. Chaque contexte lui inspire une histoire. Pour la phobie des tigres, il évoque l'idée d'une autre vie où il aurait été dévoré par des félins. Il en rêve constamment… Pour se montrer sous le jour d'un digne fils spirituel du père abbé, il s'invente un cancer dont il guérit miraculeusement. Il touche le cœur de maître Chan en lui disant que dans une autre vie il était son fils, et maître Chan lui fait totalement confiance par la suite. C'est un manipulateur.

— Mais il a beaucoup de pouvoir, observe Dany, c'est presque impossible de ne pas passer par lui pour les décisions budgétaires. C'est lui qui convainc les administrateurs d'investir. Il parle d'une mégacampagne de presse au sujet de l'îlot des tigres. Son prochain défi sera de manipuler l'opinion publique, rien de moins.

— Crois-tu que tout le monde est dupe ? Y a-t-il des gens qui doutent de ses motivations ? Un gars comme ça, c'est capable de tout.

— Je pense qu'en dehors de Margarita tout le monde semble croire son histoire, observe Dany. Elle me dit que les doutes qui ont circulé ont vite été désamorcés par le père abbé lui-même. Qui se sert de qui ? Le père abbé a aussi une position contradictoire lorsqu'il s'agit de parler des changements de pratique. Il dit que le Temple des Tigres souhaite le bien-être des tigres. Son discours va dans le sens de la réinsertion en nature. Or, cela suppose de les laisser chasser. C'est contre leurs croyances. »

En ce qui me concerne, je ne vois pas comment les deux options pourraient être compatibles. Le père abbé Chan refuse que l'on compare son projet à un zoo, mais c'est la formule qu'il choisira pour ne pas trahir ses croyances. Que peut-il faire d'autre ? La religion ici, c'est plus sacré que nulle part ailleurs au monde. Il a beau qualifier son geste de retour à la nature : tant que les moines donneront aux tigres du poulet cuisiné à manger, il n'y aura pas de liberté pour eux. Les tigres sont prisonniers non pas des cages, des chaînes ou des touristes, mais d'une culture tout entière…

« Tu as raison, Dany. La réinsertion des tigres passe par deux conditions : les laisser chasser leur nourriture et leur permettre de se reproduire sans consanguinité. Or, la réalité depuis la fondation du Temple, c'est que les tigres se sont reproduits entre eux… Un simple test d'ADN nous en donnerait la preuve. Moi, je pense que le père abbé sait qu'un retour à la nature est impossible. Il veut camoufler les deux problèmes, aussi gros qu'un chameau, sous un tapis. Son intérêt, c'est le revenu touristique, bien qu'il semble très sincèrement aimer les tigres. Et Carlos l'aide à gagner du temps.

— C'est donc une utopie, le grand projet, tu crois ? demande Dany.

— Dans tout projet qui émerge, il y a une part importante de choses invraisemblables, improbables. On regarde seulement ce qui manque, ce qui bloque, et on se dit que rien ne se fera. Ici, les intentions nous apparaissent comme un mur compact, sans fissures. Moi, je crois qu'il y a des brèches et que certaines améliorations pourront faire en sorte de repousser le mur, de le contourner ou de le fragiliser, à défaut de le faire tomber d'un seul coup. Le fait d'enseigner aux moines des comportements nouveaux contribue, même si cela peut paraître inutile, à les faire regarder le tigre d'une autre façon. La création d'un répertoire et d'une documentation relative à l'existence de chaque spécimen va aussi rendre impossible la disparition d'un animal en pleine nuit. Tu vois ce que je veux dire ? De petits pas…

— Je comprends bien. Mais tu seras peut-être déçue, au bout du compte… Qui te dit qu'ils ne vont pas se servir de ton nom, de ta notoriété, pour camoufler des trucs pas très honnêtes ?

— Je me défendrai si cela se produit. Tu comprends pourquoi je te fais traduire et mettre par écrit toutes les étapes du plan de travail. Il y aura des traces que personne ne pourrait nier.

— C'est ta police d'assurance. Et ton expérience te permet de garder le contrôle. Mais tiens-toi loin de ce Carlos… C'est un prédateur sur deux pattes et je doute qu'il puisse être rééduqué, même par la plus habile des professionnelles du conditionnement positif. »

* * *

La jeune journaliste est attentive à la moindre impression, désireuse de rendre vivante cette entrevue qu'elle a choisi d'intituler « La férocité que vous pourriez tenir entre vos mains ». Partie en moto du petit *guest house* qu'elle a loué pour quelques jours à Kanchanaburi, elle est arrivée juste à temps pour la leçon de groupe, dont elle a capté quelques bribes. Elle me rejoint pour se présenter dès que les gardiens ont quitté les lieux.

« Voilà donc la fameuse dresseuse de tigres, lance-t-elle en riant. Je m'appelle May et je travaille pour Radio-Canada.

— Soyez la bienvenue ! Je vous souhaite une très agréable visite ! Voici Margarita, directrice du Temple des Tigres et notre hôtesse à tous ici, et Dany, mon interprète. J'espère que vous allez aimer votre séjour. Est-ce votre première visite en Thaïlande ?

— J'ai fait déjà quelques reportages ici, notamment à Lopburi, la ville où les singes sont libres de se promener partout. L'exotisme et l'insolite m'attirent ; les personnes exceptionnelles aussi. Et ici, j'aurai les trois au bout de mon micro. »

Elle semble décontractée. Elle espère simplement vivre une expérience stimulante. Alors, je lui donne spontanément mes impressions.

« Le Temple des Tigres, c'est un laboratoire unique au monde. C'est merveilleux de voir comment les moines apprivoisent les bêtes. Je n'ai jamais vu de tigres aussi dociles de toute ma vie.

— Et comment arrivent-ils à créer cette ambiance très zen ? demande May.

— Ils n'utilisent pas de traitement dur. Ils ne punissent pas les animaux. Ils sont seulement en cohabitation… je ne sais pas comment dire… peut-être que c'est une réponse trop imprécise. Les moines bouddhistes vivent avec leurs tigres depuis des années maintenant. Ont-ils une recette – que je n'ai jamais vue – pour apprivoiser les tigres ? Ils sont en contact quotidien les uns avec les autres, et cela donne des résultats remarquables. Je suis venue ici pour être l'enseignante, mais, croyez-moi, ils m'apprennent aussi beaucoup, notamment sur le principe de la peur, de l'absence de peur en fait. C'est plutôt relaxant comme interaction, la plupart du temps.

« Les tigres sont si dociles. Le secret, c'est qu'ils sont imprégnés dès leur naissance. Ils sont quotidiennement en contact avec les humains de sorte que la peur ne fait pas partie de leur bagage génétique… Mais cette proximité humain-animal n'est pas immuable. Les tigres demeurent des animaux dotés d'une forte prédation. Alors, cet instinct peut se réveiller à tout moment. Entre vous et moi, les bébés sont particulièrement doux et gentils. Ils se laissent entraîner très facilement. »

May enchaîne avec quelques questions : « Quelques jours après le début de votre second séjour d'un mois, pouvez-vous faire le lien entre les enseignements du bouddhisme et la docilité des tigres ? Y a-t-il un facteur particulier qui rende la chose possible ici et pas ailleurs ?

— L'imprégnation est une pratique courante, vérifiée sur le plan scientifique. On la pratique partout, avec toutes sortes d'animaux, et presque toujours, lorsqu'un bébé est manipulé par un humain durant les premiers jours de sa vie, il reste facile d'approche, comme si la chaîne de la confiance était figée dans son apprentissage. Ici, c'est l'approche de base qui est appliquée. Le comportement des adultes est également conditionné par une sorte de routine. Le calme et la sérénité des moines font partie d'un rituel quotidien. L'agressivité des tigres n'est pratiquement jamais réveillée, à moins d'un événement imprévu. Les tigres mangent à volonté sans devoir chasser ; ils se sont habitués à leur gardien attitré et ils évoluent dans la confiance. Le respect de tous leur est acquis. Ils se sont adaptés à cette routine comme des acteurs qui répètent toujours le même scénario. Pourquoi craindraient-ils les moines ? Ce sont leurs seuls pourvoyeurs. Ils sont interdépendants. Les revenus des touristes permettent aux moines de faire manger les tigres et les tigres attirent les touristes… »

Je l'accompagne jusqu'au canyon afin de voir comment elle va traduire ce phénomène de contacts entre les touristes et les tigres. Elle observe d'abord le comportement des nouveaux arrivants. C'est un mélange d'euphorie et de crainte, comme si les gens allaient accomplir quelque chose d'extrêmement dangereux : du tourisme extrême. Puis May s'approche et elle choisit un couple dans la cinquantaine qui parle bien l'anglais.

« Nous venons de l'Inde. Nous habitons maintenant à Dubaï depuis les huit dernières années.

— Et qu'est-ce qui vous a attirés ici ? demande May.

— J'ai lu un article très impressionnant sur le Temple des Tigres dans la revue *National Geographic*, répond l'homme. Alors, ma femme et moi, nous nous sommes promis qu'un jour nous viendrions ici pour voir ce phénomène. Dans notre pays, le tigre est un animal sacré.

— Nous nous attendions à ce qu'il y ait des tigres partout en mouvement ; mais maintenant que nous y sommes, nous les voyons au repos. Ont-ils mis quelque chose dans leur nourriture pour les faire dormir ? demande la dame. Vont-ils se réveiller avant notre départ ? »

May capte soudain un mouvement qui vient de l'autre côté. Je la suis, escortée par Dany qui observe le grand cirque avec beaucoup d'intérêt. Au besoin, il pourra traduire les questions de May aux gardiens.

« Dites-moi comment ça se passe. Vous venez juste d'arriver. Que venez-vous de faire ? » demande-t-elle à une dame un peu anxieuse, accompagnée d'un adolescent.

— Nous sommes entrés après avoir payé. Nous avons suivi le chemin indiqué et nous n'en croyons pas nos yeux. C'est énervant ! Il y a une personne qui nous tient la main pour s'assurer que nous ne paniquerons pas et que nous vivrons une bonne expérience. Ce guide nous a demandé de nous asseoir près de ce tigre afin que des photos soient prises. C'est plus calme que je le pensais. Les tigres ont l'air de dormir. Ils ne sont pas comme de vrais tigres. Ils sont apprivoisés. Je n'ai pas vraiment peur.

— Les jeunes gardiens aux t-shirts jaunes font bien leur travail, vous ne trouvez pas ? Ils sont là pour vous protéger... De vrais dompteurs professionnels ! Tant qu'ils sont là, les tigres restent calmes. Est-ce cette expérience que vous vouliez vivre ? poursuit May.

— Je ne sais pas… C'est comme un zoo où les animaux seraient endormis. Ça laisse une impression un peu figée. Mais j'ai moins peur. »

Un cri étouffé se fait entendre, au bout de la rangée. Une femme s'exclame soudain : « Regardez ! Regardez ! Il est debout. Oh ! Wow ! Quel bel animal ! Vite, je veux le caméscope ! Je m'approche. Ce sera un vrai spectacle !

— Qu'est-ce que vous préférez : les voir étendus ou les voir bouger ? lui demande May en tendant son micro.

— J'aime les deux. Je les aime… C'est formidable de les voir se lever comme ça et se déplacer parce que, quand ils sont amorphes, on dirait qu'ils sont drogués… ou que ce sont des peluches. Quand ils se lèvent, vous pensez : oh non ! Ils pourraient réellement m'attaquer… Ils sont vrais et capables des pires réactions…, dit-elle tout énervée. J'ai vu que, sur l'autre ligne, si je paye 50 baths, je pourrai avoir la tête d'un tigre sur mes genoux. C'est ce que je veux. »

May constate qu'il y a une sorte de course aux souvenirs très lucrative. Pour la mettre un peu à l'épreuve, je lui propose de la prendre en photo, à son tour. Pour elle aussi, la photo impressionnante a de l'importance, puisque c'est ce qui l'a attirée jusqu'ici, la réputation de ce lieu où un contact physique avec les tigres est spécifiquement commercialisé.

« J'aurai moi aussi mon trophée personnel, dit-elle. J'avoue que ça m'impressionne. Vous, vous les dressez, est-ce que vous avez peur qu'il se passe un truc… que l'un d'eux se révolte tout à coup ?

— Tant que tout le monde reste calme et que le soleil claque… les risques sont moindres, mais il suffit d'une étincelle pour mettre le feu dans cet environnement préfabriqué. Cette dame trop démonstrative ou un enfant qui se mettrait à courir…

— On dirait que vous n'aimez pas vraiment vous trouver ici… Est-ce que je me trompe ? observe-t-elle en voyant mon manque d'enthousiasme.

— Je n'aime pas le canyon. Si vous pouviez demander aux tigres comment ils se sentent, que vous diraient-ils ? Qu'ils ne sont pas bien même s'ils ne souffrent pas vraiment. Ils sont asservis… Ce n'est pas dans leur nature de faire ça chaque jour. Ce sont des félins qui aiment l'action ; ils sont curieux, chasseurs, dotés d'un instinct phénoménal. Je n'aime pas les voir comme ça et c'est pourquoi je demande qu'on cesse ces représentations.

— Et le père abbé Chan, qu'en pense-t-il, de changer son attraction aussi populaire pour une sorte de zoo sans contact ? poursuit May.

— Il faudrait que vous le lui demandiez. Il y a des changements à l'horizon, comme la construction de l'île aux tigres. Les travaux sont entrepris depuis quelques mois. Avez-vous réussi à obtenir une entrevue avec lui ?

— Oui, je le rencontre en fin d'après-midi. Je vais lui poser la question et je vous ferai écouter l'enregistrement demain.

— J'ai hâte d'entendre sa réponse. Vous savez, je me sens un peu responsable de faire changer les choses. L'an dernier, je suis venue en mission d'observation pour l'organisme Care for the Wild International. J'ai suggéré plusieurs changements, dont l'aménagement d'un habitat où les tigres pourraient vivre dans la nature, mais à la portée du regard des touristes. Finis, les contacts directs dans les conditions que vous observez ici. »

Il y a du brouhaha derrière nous. May s'approche. Une femme est tombée et des gardiens l'entourent. « Que s'est-il passé ?

— Nous étions en place pour une photo et le tigre s'est retourné brusquement et a donné un gros coup de patte à ma femme. Elle est tombée. Ils veulent l'emmener… »

Le tigre Fire a des petites sautes d'humeur, selon son gardien. Dany lui demande s'il est dangereux. Le jeune répond par la négative, cherchant à calmer les touristes. Fire se rendort.

La femme légèrement blessée est emmenée derrière les cordons de sécurité. May lui pose quelques questions et enregistre ses réponses : « Juste comme je le touchais, il s'est levé et m'a donné un coup avec sa patte. J'ai eu peur et j'ai perdu l'équilibre. Je suis tombée sur le dos. C'est fort, un tigre... J'ai essayé de me relever, car il aurait pu me faire mal. Aïe ! Ça saigne, là... Mon mollet est en sang. Voyez les griffes ! Le sang va les exciter, non ? »

Un employé crie : « Qui veut une photo ? Un beau bébé tigre de trois semaines... Aussi doux qu'un chaton. » L'attention du public est rapidement détournée vers le nouvel attrait. Nous restons avec la femme blessée.

« C'est correct, c'est correct. Le personnel est très bon. J'ai eu plus de peur que de mal. Je suis vivante, non !

— Comment vous sentez-vous maintenant ? demande May.

— Juste un peu méfiante. Je voulais une photo avec sa tête sur mes genoux. Je n'avais pas idée de la grosseur de sa tête. Je ne sais pas si je veux encore le faire. Je vais attendre un peu pour me calmer. Je vais aller vers un autre tigre et peut-être essayer.

— Allez-vous déposer une plainte ?

— Non... ce sont des tigres, et quand je suis arrivée, j'ai signé leur formulaire. Ce n'est rien... Une égratignure à désinfecter. Pas de quoi fouetter un chat ! » affirme-t-elle en riant nerveusement, soutenue par son mari.

May enregistre son commentaire à chaud sur l'événement. J'aime sa façon d'apprendre et d'enquêter, de capter les faits et aussi de les relier aux enjeux futurs.

« Les félins ne sont pas des comédiens, dis-je. Ils ne font pas dans le sensationnel rien que pour créer du suspense. Cette dame peut se compter chanceuse. Avez-vous encore quelques minutes ? J'ai aussi demandé des améliorations pour les autres animaux, dont l'ourse et la femelle léopard. Les avez-vous vues ?

— Non ! J'aimerais bien voir ce qu'il y a tout autour de ce canyon... maintenant que j'ai ma photo inédite et un peu de sang qui coule pour alerter les auditeurs.

— Vous avez le sens du punch ! C'est excellent pour rappeler aux touristes que les félins sont ce qu'ils sont. Les caresser de la main comportera toujours du danger. C'est aux antipodes de leur nature, ce que vous voyez ici. »

Le retour sur le plateau permet de commenter les conditions de vie des autres animaux. Le cheptel complet est privé de soins parce que le Temple des Tigres n'a pas de vétérinaire. J'explique à May que la façon dont les bouddhistes voient le karma exclut l'intervention humaine et médicale. Selon eux, un animal malade meurt et se réincarne. Qu'il souffre d'une maladie chronique ou d'une banale infection, ils vont s'abstenir de le traiter, et ce, même au risque de le voir mourir éventuellement. Quelle tristesse ! Il y a plus de 300 animaux qui sont hébergés ici, dont plusieurs auraient besoin d'aide, de traitement aux antibiotiques, notamment. Sans compter que les mesures d'hygiènes sont déficientes. Il y a des parasites partout.

Nous arrivons près des cages agrandies et plus ombragées. L'ourse asiatique est très sensible à la présence humaine. Elle aime jouer et, dès qu'elle nous voit approcher, elle fait son numéro.

« Bonjour Mam-Mam ! » dis-je en prenant mon clicker et quelques morceaux de légumes en julienne que je traîne dans un sac de plastique dissimulé dans ma poche.

May observe la scène et remet son magnétophone en marche. Les grognements de Mam-Mam sont donc captés. Et je constate que la journaliste est agréablement surprise.

« Je m'amuse avec elle et je pense qu'elle s'amuse aussi. C'est un jeu stimulant, un apprentissage à l'obéissance que de faire ce que je lui demande. Cela pourrait permettre de la garder tranquille pendant un examen ou un traitement par un vétérinaire, par exemple. Elle aime beaucoup voir les humains qui applaudissent à ses tours. Même si je ne lui donne rien en échange – je parle ici de nourriture –, elle va obéir juste pour me faire plaisir.

— Les moines ont dû trouver cela très amusant de voir leur ourse faire le *wai*. C'est un symbole important dans leur culture.

— C'est très gratifiant pour eux... et aussi pour moi. Je suis très fière de lui avoir enseigné à saluer et je le prends comme un compliment chaque fois.

— Alors, dans l'avenir, les tigres pourraient aussi apprendre à faire des numéros, non ? me lance May.

— Je ne sais pas si c'est souhaitable, mais je peux le faire. Sur l'île, les tigres en liberté vont courir, se baigner et vivre dans un espace élargi. Les visiteurs pourraient au moins les voir évoluer au naturel. Si on me demande de leur faire faire du cirque dans un milieu où ils ne sont pas des esclaves, je veux bien. Les voir jouer, notamment, ce serait super beau. Mais est-ce une meilleure approche, de faire payer les gens pour les voir évoluer librement ou les confiner dans le canyon ? Ma vision de l'avenir du Temple pose plusieurs problèmes, comparables à ceux que connaissent les zoos. Par contre, vous le voyez aussi, Mam-Mam n'a aucune réticence à refaire les gestes qu'elle connaît. Elle n'agit pas sous la contrainte. Si c'était pareil pour les tigres, je ne sais pas... c'est peut-être une façon d'attirer un certain public qui veut découvrir quelque chose d'inusité, d'unique au monde. En soi, voir un tigre vivant et libre à 100 mètres d'un humain, c'est déjà une chance inouïe. »

May m'observe, comme pour voir jusqu'où je serais prête à aller pour que cette sorte de promesse faite aux bébés tigres se réalise : « Iriez-vous jusqu'à venir travailler ici en permanence ? Voudriez-vous faire de cette cause une raison de vous battre ? »

Elle est perspicace. Évidemment, je rêve de voir ces cages disparaître au profit de milieux ouverts, de conditions de vie plus valorisantes pour les animaux. La captivité, je n'ai jamais vraiment apprécié cela.

« Mon principal but serait que cet endroit devienne un endroit de non-contacts. Je ne pense pas que le tigre, ou tout autre animal sauvage, soit fait pour être inondé ainsi de contacts humains directs. Ici, chaque jour, plusieurs centaines de personnes caressent les tigres. J'aimerais mieux les voir évoluer dans un grand parc où ils pourraient retrouver des comportements naturels. Si les dirigeants font appel à moi de nouveau, je répondrai rapidement à leur demande jusqu'à ce que les tigres redeviennent des tigres en captivité, mais évoluant dans des conditions de liberté. C'est une cause qui me tient à cœur, vous l'avez constaté. Mais les choses changent lentement ici... et j'ai peu d'influence réelle. Je ne peux oublier mes deux principaux handicaps : je ne suis pas bouddhiste et je suis une femme nord-américaine. Alors, je demeure modeste, comme il convient de l'être dans un pays qui m'a accueillie avec beaucoup de gentillesse. Je propose et les administrateurs prennent leurs décisions. »

May éteint son appareil, visiblement satisfaite des commentaires qu'elle a captés depuis son arrivée ici. Il ne lui reste que quelques minutes avant de se rendre chez le père abbé. Elle regarde autour d'elle. Dans les enclos autour de Mam-Mam, il y a des tigres adultes plutôt agressifs. Elle s'en étonne. Il y a donc des rebelles ?

Lorsque nous nous approchons de la zone, je vois que la belle Rainbow, une femelle combative que je m'applique à entraîner, est en laisse et que quatre gardiens la frappent de manière brutale avec des bâtons. Une plus grande cage est ouverte, à quelques mètres plus loin.

« Regardez, ils frappent le tigre, là ! observe May, incrédule.

— Qu'est-ce que c'est que ça ? Ils lui font mal. On dirait qu'ils veulent la forcer à changer de cage. Et Dany qui n'est pas là pour leur parler… Je n'en reviens pas ! C'est une cruauté inutile. J'aurais pu la faire changer de cage seulement en utilisant le clicker. Ils n'ont donc rien compris ? »

La séance de bastonnade dure de longues minutes, jusqu'à ce que Rainbow finisse par avancer et intégrer sa nouvelle cage. Elle est hargneuse et leur montre les dents lorsqu'ils posent le cadenas et s'éloignent.

« Ils tapaient dessus à coups de bâton, dis-je. Écoutez, je suis tellement déçue. Je… je croyais dans une petite partie de mon cerveau… Je rêvais que… hum… peut-être que le bouddhisme, avec toutes ses notions spirituelles, avait quelque chose à voir avec la gentillesse et la docilité des tigres… Le respect ! C'est juste un processus d'apprentissage… Mais lorsque le bouddhiste redevient un homme, c'est le conditionnement classique, battre l'animal jusqu'à ce qu'il ait si peur de vous qu'il obéit… Hum… ce n'est pas une bonne journée. Ce n'est pas une bonne journée. C'est comme un échec après ce que je m'efforce de leur enseigner. Alors la solution serait qu'il n'y ait plus de contacts avec les tigres, c'est la seule solution. Les tigres dans de grands enclos pourraient être des tigres, ils ne seraient plus forcés à faire quelque chose comme ça… Simplement les laisser redevenir des tigres. Pauvre Rainbow ! Je comprends mieux ses réactions agressives après avoir vu comment on la traite, lorsque j'ai le dos tourné.

— Allez-vous en parler au père abbé ? Pourriez-vous porter plainte au nom de Rainbow ?

— L'autorité du père abbé dit de respecter les tigres. C'est sa loi. Ce qu'il leur a enseigné n'est pas appliqué, alors je ne sais pas. Je ne sais pas ce que je vais faire, parce que la pire chose qui pourrait arriver… Si je pousse trop maintenant, avec mon émotivité et ma colère, ils vont me jeter dehors. Ils vont chasser les gardiens et aussi conclure que Rainbow est trop méchante pour être gardée ici. Je pense que ce n'est pas la façon de faire. Je dois prendre un peu de recul et espérer… Vous savez, si je me fâche, les réactions seront immédiates : je serai remerciée de mes services et je rentrerai à Montréal. Mais rester là, garder le contact, proposer des changements, faire un petit pas à la fois, cela me semble plus positif. Mais ce que je viens de voir m'ébranle. Si je veux que les choses changent, je dois travailler à partir des faits et non des promesses, en suivant le courant pour mieux l'orienter. C'est désolant ; j'ai l'impression de devoir recommencer à zéro. »

Je l'emmène près de Rainbow, qui fait le tour de sa nouvelle cage de 3 mètres sur 5 mètres. Elle fait partie des sept tigres qui sont trop agressifs pour descendre au canyon pour les séances de photo. Ces tigres sont toujours dans une cage : ils s'ennuient et sont malheureux. Loin des yeux des touristes, les gardiens semblent moins respectueux des animaux qui leur sont confiés. La belle femelle me regarde avec l'air de me défier. Je l'entends me dire : « Tu as beau me faire croire que le monde est gentil, mais moi je sais que les humains sont méchants. »

J'explique à May que j'arrive à parler aux animaux. Maintenant, les grognements de Rainbow me disent sa colère. Elle voudrait dénoncer les mauvais traitements. Elle est pourtant très obéissante. Il faut d'abord prendre le temps de lui demander ce que l'on veut, sans la brusquer. Elle devient mauvaise sous la colère, la brutalité, l'incompréhension. Je lui demande de se calmer. « J'ai tout vu et je n'approuve pas les humains qui t'ont fait mal. »

Je me fais un devoir de l'aider à canaliser toute cette énergie inutile. Rainbow est extraordinaire. C'est l'inactivité qui la ronge. Elle est de plus en plus irritable et je comprends mieux pourquoi, après ce que nous venons de voir. Je lui ai trouvé une rondelle de caoutchouc, que je suspends à une ficelle, pour la faire interagir. Elle aime attraper, chasser puis mastiquer son jouet. Belle anecdote, à ce propos…

« May, savez-vous que j'ai failli être renvoyée à cause de cet objet ? Cette rondelle sert à soutenir les bols de nourriture des moines. Elle est sacrée… Après des remontrances, on a fini par me laisser en utiliser une pour mes activités d'enrichissement des tigres en captivité. L'argument qui m'a sortie du pétrin : Bouddha a créé toutes les créatures vivantes avec les mêmes droits. La rondelle de caoutchouc ne peut être un privilège exclusif, dans cette optique. J'en ai une rien que pour les tigres, maintenant. Mais j'ai bien failli rentrer chez moi à cause d'un petit geste banal à mes yeux. »

May saisit mieux les divergences culturelles qui entrent en ligne de compte dans ma mission parfois délicate. Après un coup d'œil à sa montre, elle me quitte en me donnant rendez-vous le lendemain, au déjeuner auquel elle veut assister.

Sa présence et ses questions me permettent de prendre un certain recul face à mon engagement ici ; cela m'amène aussi à faire le point sur mes intentions. Où va me conduire cette aventure qui a commencé par un SOS de Care for the Wild International l'an dernier ? Si seulement je pouvais mettre la main sur une boule de cristal... Je voudrais tellement donner une voix aux animaux, faire respecter leurs besoins. Ma frustration gronde dans une partie de mon cerveau, mais la réflexion qui réussit à la canaliser se traduit ainsi : si tu es conciliante, tu vas finir par marquer des points.

* * *

Une fois arrivée au Temple, May reste figée lorsqu'elle voit les gros tigres monter les marches et entrer dans ce lieu sacré, déambulant parmi les moines et les invités pour aller s'asseoir entre les colonnes dorées, en attendant que le père abbé ait terminé son repas. L'odeur de la nourriture ne les attire pas du tout. Quelle étrange mise en scène. Évidemment, avec une caméra pour la saisir en gros plan, cette image ferait le tour du monde en moins de deux.

Son intention n'est pas d'ajouter du sensationnalisme, mais plutôt de comprendre la raison d'être des rituels qui se vivent ici. Elle se joint au groupe composé de Margarita, Dany et moi avec l'air étonné de quelqu'un qui se réveillerait sur une autre planète.

« Pourquoi sont-ils ici au déjeuner ? Ne devraient-ils pas être dehors ? Et la bouffe les laisse complètement indifférents. Je commence à comprendre vos prises de position, Jacinthe, dit-elle.

— Il y aura une cérémonie après le repas, comme une méditation avec des mantras. Vous pourrez en tirer des extraits très mélodiques, exotiques à souhait. Les tigres sont là pour cette raison. Le père abbé Chan aime avoir des animaux près de lui. À ce propos, comment s'est passée votre entrevue avec lui ? dis-je pour amorcer la discussion sur ce point qui m'intéresse particulièrement.

— J'étais un peu en retrait, n'osant pas le regarder ni le distraire, comme on m'avait indiqué. Il a parlé à mon micro, dans un bon anglais, ce qui m'a surprise. Il m'a raconté son histoire, l'arrivée des premiers tigres qui sont venus ici. C'est une fable, en quelque sorte, qui a donné naissance à ce site.

— Tant que vous n'avez pas assisté au déjeuner, vous n'avez pas vraiment conscience de l'importance des rituels ici, dit Margarita. Un jour, le père abbé était absent et je suis venue prendre le déjeuner. Aucun décorum, seulement des gens affamés qui se bousculaient pour remplir leur assiette. Il possède une autorité indiscutable. Vous a-t-il parlé de son conseiller spécial, son fils adoptif ?

— Non, mais je présume que c'est important dans une telle hiérarchie du pouvoir de pressentir quelqu'un pour lui succéder. Tous les moines doivent rêver de jouir d'un tel privilège, n'est-ce pas ? Que faut-il avoir comme qualités pour atteindre cette haute fonction spirituelle ? Être un saint ?

— Le jeune homme qui est à sa droite vient d'être désigné comme son successeur, après seulement trois mois de formation au bouddhisme. Il a fait don d'une fortune importante, prouvant son détachement, et il a vaincu un cancer par ses aptitudes à la méditation. Il semble que c'était la voie à suivre pour gagner la confiance du maître, ajoute Margarita. Puis il est retourné à sa vie habituelle, relativement remplie d'abus de toutes sortes. Il est revenu pour racheter ses fautes et, plein de compassion, le père abbé lui a offert un poste de conseiller spécial ainsi qu'un jouet rutilant : son gros camion. Mais voilà venu notre tour de nous rendre au buffet… Bon appétit ! »

Lorsque les convives quittent le Temple, Margarita fait signe à Carlos de s'approcher. Leurs yeux se croisent brièvement. Ils échangent quelques mots, puis elle le laisse en compagnie de May pendant que Dany et moi commençons la leçon du jour. Je retrouve May vers midi, au moment où elle s'apprête à partir, ses entrevues étant pratiquement terminées.

Nous repérons un coin d'ombre et elle me fait écouter l'entrevue qu'elle a réalisée avec le père abbé Chan.

« J'aimerais bien savoir si j'ai obtenu une forme de réponse à vos interrogations d'hier, sur l'avenir des tigres », me dit-elle en préambule, avant de démarrer le magnétophone.

« Mon histoire est simple, commence le père abbé Chan. Il était une fois un moine qui avait reçu en cadeau une terre de son maître bouddhiste pour y construire un monastère. Comme il avait planté des arbres et construit des abris et une route, le nouveau père abbé partageait sa nourriture avec tous les animaux qu'il rencontrait, croyant qu'ils étaient tous des réincarnations. Un jour, les villageois sont apparus sur sa nouvelle route avec deux petits tigres orphelins. Les villageois avaient entendu dire que le père abbé s'occupait de tous les animaux sauvages. Bientôt, un autre tigreau orphelin est apparu : sa mère avait été tuée par des braconniers dans les montagnes voisines en Birmanie. Le père abbé et ses jeunes moines jouaient avec les petits. Ils les flattaient et leur apprenaient à marcher au bout d'une laisse. Ils dormaient à côté d'eux. Certains des petits ont grandi et sont devenus des tigres adultes en bonne santé. Ils ont commencé à avoir des petits à eux et les tigres ont montré leur appréciation en ne mangeant pas les moines ou autre chose qui n'avait pas été cuisiné particulièrement pour eux. Ainsi a été créé le Temple des Tigres, une preuve que tous les êtres vivants sont nos égaux.

— Qu'est-ce que les tigres signifient pour vous ? lui demande May.

— Le tigre est mon ami, ma mère, mon père ; tout est dans le tigre. Comme un frère, une sœur, un ennemi aussi, répond le père abbé.

— Quel est votre rêve pour le Temple des Tigres ?

— Nous voulons faire une nouvelle maison de 15 à 20 acres et mettre les tigres libres à l'intérieur. Et quand ils auront des bébés, nous leur montrerons comment les nourrir en chassant, précise le père abbé.

— Quand les touristes viennent et visitent, ils sont capables de toucher les tigres et de les prendre en photo. Pourquoi est-il important de les laisser toucher aux tigres ?

— La plupart des gens ont déjà vu des tigres dans les zoos. Mais ici, c'est différent. C'est le Temple des Tigres. Ce n'est pas un zoo. Nous sommes le centre de secours des animaux sauvages. Nous sommes bons et aidons tout animal sauvage à survivre. Nous ne les tuons pas et nous les nourrissons. Nous essayons d'être bons avec eux parce que l'animal sauvage et nous, nous sommes du même sang. Le sang rouge nous rend solidaires. Nous devons être bons comme nous l'a enseigné notre maître. Le bouddhisme est d'une grande sagesse vis-à-vis des animaux. L'homme n'a pas le droit de vie ou de mort sur quiconque de ses frères humains, ni sur les animaux. Il est le gardien de la vie. »

May semble déçue. Elle me confie qu'elle voulait lui poser d'autres questions, mais qu'il s'est retourné et, d'un geste de la main, il lui a signifié que l'entrevue était terminée.

« Qu'en pensez-vous ? me demande-t-elle Est-ce suffisant pour donner la tendance, la nouvelle direction, selon vous ? »

Je trouve qu'elle a fait du bon travail, car parler au père abbé Chan est un privilège, comme on me l'a fait sentir à quelques reprises. Son message est clair. Il souhaite réformer les pratiques de contacts. Ce serait tout un changement, mais est-ce compatible avec la philosophie spirituelle des moines ?

« C'est un homme qui parle peu. Il a dit l'essentiel : l'île en construction, puis les petits qui apprendront à vivre en liberté ; la fin progressive des séances de photo interminables sous le soleil. Je crois que le virage est amorcé. Les critiques de la presse mondiale auront finalement un impact positif. Ce que je crains, c'est que l'intention ne rejoigne jamais les faits. »

May décode en quelques phrases l'aboutissement de mes réflexions. Quant à moi, je continue sur ma lancée : « Il y a une sorte de double message derrière l'engagement que le père abbé formule publiquement. Selon moi, l'île sera encore très près du concept des jardins zoologiques, car on prendra soin de nourrir les tigres avec du poulet bouilli quotidiennement. La liberté sera relative, bien qu'il s'agisse d'une amélioration incontestable, ce pourquoi je me bats en réalité. Fini, l'asservissement quotidien avec les files de touristes et, en lieu et place, une éducation des visiteurs sur la vraie nature des tigres. Et des conditions de vie améliorées pour les autres animaux aussi, pas seulement les tigres. Un monastère modèle… ou une mise en scène qui cachera d'autres drames ?

— Mais c'est un fameux personnage, ce Chan, souligne May. Il est connu dans le monde, après les reportages télé. Jamais il n'avoue qu'il a domestiqué ces animaux parce que cela attire les projecteurs sur lui, lorsqu'il marche avec eux. Il tire un prestige mondial de ce fait, une grande notoriété. Il a fait la une de plusieurs magazines. C'est lui, le héros de ce succès touristique, malgré sa grande modestie. Qu'en sera-t-il de son entourage lorsqu'il disparaîtra ? Il me semble que son conseiller est plutôt sensible au pouvoir… »

Je m'interroge aussi sur cet aspect et je me permets de faire à May une révélation pour le moins étonnante.

« Si Phra Chan adore les tigres, je dois vous dire qu'il n'en est pas de même pour son conseiller principal. Carlos, avec qui vous avez parlé, vit dans l'ambiguïté la plus complète. Il a une réelle phobie des tigres. Il les craint au point d'en perdre la tête. Il semble que, après avoir été dévoré par des fauves dans une autre vie, il ait pour karma de les apprivoiser dans cette nouvelle vie. Il souhaite trouver une façon de leur pardonner la mort cruelle qu'il aurait subie. Il en fait des cauchemars... Voilà ce qui le motive à redonner aux tigres leur liberté afin de s'en faire des amis et de conjurer le mauvais œil. Il est obsédé par les tigres et obnubilé par le pouvoir. Que fera-t-il du Temple ? C'est un grand souci pour moi. Je lui donne des leçons particulières, mais je vois bien qu'il cherche à dominer les tigres, même bébés, plus qu'à les accepter tels qu'ils sont. »

J'entraîne May vers le site d'où l'on peut voir les travaux qui sont en cours. Je lui fais observer le fossé qui sera immergé et l'îlot qui prend forme sur un demi-kilomètre. Quelques dizaines de personnes s'activent, des femmes et des enfants surtout, mais ce n'est pas vraiment la frénésie d'un chantier. Je continue de faire part de mes observations à May.

« Le nerf de la guerre, c'est encore et toujours l'argent, comme le disent les administrateurs. Si les touristes délaissent les lieux parce qu'ils ne peuvent plus vivre leur fantasme de toucher les tigres, les fonds manqueront. Et il faut des sommes importantes pour terminer le tout. La poule miraculeuse va-t-elle pondre d'autres œufs après la transformation ou vaut-il mieux couver ceux qu'elle vient de pondre ? La main-d'œuvre est rare... simple prétexte pour ralentir un peu la cadence tout en montrant que le travail est en cours.

Le virage est ralenti notamment par la crainte de voir les touristes bouder la nouvelle formule. Quand on parle de changement, il y a toujours des efforts qui nécessitent de la conviction, de l'énergie et du courage. C'est cela que je voudrais réellement enseigner aux dirigeants, en plus de la façon de prendre soin des animaux qui bénéficient à tous. Je frappe un mur d'incompréhension dans ce combat : la culture bouddhiste. Ma stratégie est conditionnée par cette vision de l'exploitation financière des tigres qui s'opère, mais que les moines nient. Ils se croient tous tellement héroïques de nourrir les animaux alors que, moi, je considère les conditions de vie qu'ils leur assurent comme minimalistes, voire déficientes, dramatiques et inadmissibles. Je comprends ceux qui les dénoncent, comme Care for the Wild International, même si j'ai choisi de me distancier de tels groupes de pression.

— Croyez-vous que je devrais parler à Care for the Wild ? Mon reportage serait plus complet si j'avais la contrepartie, qu'en pensez-vous ? interroge May.

— Je n'ai pas eu de communication avec les responsables de cette fondation depuis que je leur ai remis mon rapport de mission, en mai dernier. J'ai un point de vue moins radical que celui que la fondation prône dans l'opinion publique. Pour eux, la fermeture du Temple des Tigres est la seule réponse aux critiques assez nombreuses d'activistes pro-liberté, auxquelles s'ajoutent des plaintes de plusieurs visiteurs qui sont passés ici, qui ont été blessés ou choqués par le contexte d'asservissement dans lequel vivent les animaux. J'ignore le nombre de plaintes, mais il y en avait assez pour que la fondation me donne le mandat de me rendre sur place. J'en déduis que la pression allait en s'accentuant. Les gens de Care for the Wild ont un point de vue assez tranchant sur l'utilisation touristique des animaux. La nature n'est pas clôturée, si vous voyez l'image… Or, je pense que les moines n'ont pas de mauvaises intentions à la base. Ils ne s'étaient jamais posé la question de la liberté avant que les protestations fusent. Ils ont écouté et ils cherchent des solutions qui ne trahissent pas leur mission spirituelle. Personnellement, je ne peux pas condamner cette attitude, mais je ne peux pas la cautionner non plus. Mon choix, voyez-vous, c'est de les accompagner dans ce virage, et c'est ce que je tente de faire, bien humblement.

— Vous avez plus de pouvoir en travaillant avec eux que contre eux, selon moi. Mais je verrai à obtenir la position de Care for the Wild International pour compléter mon tour d'horizon.

— Et si je vous présentais ma belle amie léopard avant votre départ ? Avez-vous encore quelques minutes ? »

Nous prenons le sentier qui mène derrière les compresseurs de la résidence des moines. De loin, Zabeth me reconnaît et fait le guet en espérant ma visite. Impatiente, elle flaire mon arrivée.

« Ma belle Zabeth, elle ne savait que tracer des huit dans son petit enclos lorsque je suis arrivée ici. Regardez comme elle est racée. Une vraie beauté à l'état pur. Elle a meilleure mine aujourd'hui. »

Je m'amuse un peu avec elle, lui donnant une ration de nourriture pour chat à chaque bon mouvement. Elle a maintenant un arbre où se percher, un abri pour la nuit et beaucoup d'espace pour courir, chasser et flâner, à l'affût de tous les mouvements des insectes et des petits rongeurs.

« Elle est belle. Pourquoi est-elle installée si loin des autres ? Y a-t-il une raison ?

— Elle était tellement sauvage que les moines préféraient l'ignorer. Elle serait morte d'ennui ou d'une quelconque infection sans que personne s'en aperçoive. Mais elle est maintenant mon amie, et j'ai demandé qu'on la traite mieux. Elle m'épate. Elle adore la liberté et elle est redoutable, mais elle aime aussi les humains à sa façon. J'admire son indépendance et sa force. C'est mon alter ego, cette Zabeth.

— C'est elle que Carlos veut faire accoupler ? Il voudrait qu'elle se reproduise. Saviez-vous qu'il pratique le troc d'animaux ? Il pense trouver ainsi un compagnon à l'ourse et à la femelle léopard d'ici peu.

— C'est une expérience qui semble lui tenir à cœur. Moi, je ne sais pas si, après des années de solitude, Zabeth et Mam-Mam vont s'adapter à l'arrivée d'un mâle. C'est à voir. Les intentions de Carlos ne sont pas très claires... C'est un drôle de personnage. Je ne lui fais pas entièrement confiance, cela dit entre nous.

— On parle souvent de commerce illégal des animaux sauvages. Est-ce que vous soupçonnez que des tigres d'ici en soient l'objet ? me demande May.

— J'ai d'abord été surprise d'apprendre que les tigres ne sont pas fichés scientifiquement. Les naissances le sont au moyen d'un dossier sommaire d'identification. J'ai proposé de prendre des photos et d'ajouter les caractéristiques physiques de tous les tigres afin d'avoir des informations complètes. Actuellement, un tigre peut disparaître pendant la nuit et personne ne s'en apercevra. Les plus agressifs sont tenus à l'écart ou isolés quelque part derrière les zones habitées. Qui sait ? Carlos en tire peut-être des revenus illégaux sans que personne puisse le prouver, faute de dossiers précis. C'est une autre de mes préoccupations.

— J'ose espérer que ce beau domaine de conservation ne cache pas de telles pratiques... Si jamais vous apprenez quelque chose, je me ferai un plaisir de revenir enquêter... surtout si vous êtes là ! »

Nous terminons la conversation assises toutes deux auprès des bébés tigres, en nous laissant prendre au jeu. Plusieurs photos de May et de moi témoignent de cet instant privilégié. Lorsqu'elle a quitté le Temple des Tigres, nous nous sommes promis d'entretenir cette amitié.

Est-ce que May va obtenir une entrevue complémentaire de Care for the Wild International ? Elle m'a assurée que je serais la première à en être informée, quel que soit l'avis de la fondation. Ma curiosité naturelle se réveille : ces quelques mois d'attente me paraîtront bien longs avant que je puisse connaître la position des activistes pro-liberté. Je veux seulement éviter de me retrouver prise en sandwich entre le Temple et Care... Alors, je laisse clairement des traces de mes prises de position, de mes interventions, des actions que je mène pour faire évoluer la qualité de vie des animaux et plus globalement des raisons de ma présence ici.

Après le départ de May, et grâce à cette journaliste qui a brossé un portrait assez réaliste et nuancé de la vie au Temple des Tigres, je me sens un peu plus militante. Elle m'a permis de voir plus clairement la position d'interface que j'occupe durant mon second mandat. Je veux faire en sorte que le virage réussisse et ne devienne pas un écran de fumée, un paravent, mais ce risque augmente avec les mois. Si le projet n'aboutit pas rapidement, les faux espoirs prendront le pas sur les possibilités d'un changement réel. Il faut que j'arrive à faire les bons gestes, à provoquer les discussions et à motiver les troupes. Grâce à la formation, j'arrive à jeter les bases d'une nouvelle attitude, mais il faut aller encore plus loin.

Je reviens à la charge auprès de Margarita pour la persuader de la nécessité de documenter et de personnaliser un fichier sur les tigres. Il suffirait de peu de chose : consacrer un peu de temps à observer les animaux et prendre leurs mensurations, puis simplement mettre à jour les renseignements d'année en année. Avec ce système, il serait impossible de faire disparaître un tigre, à moins de voler aussi son dossier. Quant aux photos, il y a ici une armée de photographes qui ne demanderaient pas mieux que de se retrouver immortalisés avec leur tigre-compagnon dans les archives du Temple. Les caractéristiques des tigres, ils les connaissent bien : les stries de leur robe, les marques de naissance, les détails morphologiques, etc.

Évidemment, ma présence et mes suggestions visent à réveiller les consciences, et non à braquer les administrateurs contre moi. Derrière toute pratique abusive, il y a souvent un manque de rigueur, des normes mal appliquées ou trop mollement observées et des habitudes laxistes. Ma demande devrait donc faire son chemin vers l'acceptation. Quiconque s'y opposerait pourrait immédiatement être soupçonné… et risquerait donc d'être démasqué. Heureusement, Margarita m'appuie inconditionnellement !

CHAPITRE 6

La peur

Carlos a les yeux rougis et les mains tremblantes lorsqu'il se présente à l'entraînement privé avec les petits tigres, le jour précédant mon départ. Il parle fort et semble impatient de jouer les héros.

« Voici ma belle amazone... Aujourd'hui, pas de bébés tigres, mais un vrai. J'en ai assez de jouer comme un enfant. Ce matin, on va vraiment voir si tes méthodes fonctionnent. Je veux Rainbow et je l'aurai ! »

Je jauge son état d'esprit. Qu'a-t-il donc consommé ? Alcool, drogue ? Il semble anormalement agité, lui qui n'est déjà pas facile à suivre quand il est dans son état normal.

« Un peu de conditionnement avec les bébés d'abord... Rainbow n'est pas vraiment de bonne humeur, ces jours-ci. On dirait qu'elle sait que je vais la quitter pour un long moment. »

Carlos s'impatiente. Comme Dany vient de partir pour Bangkok, puisque la mission est terminée, je ne peux compter que sur moi-même. Et Margarita est allée en ville pour acheter des trucs afin de mettre en route l'inventaire des tigres. J'essaie de désamorcer la situation.

« Pourquoi cette hâte ? Si tu veux que le bébé tigre te reconnaisse, il faut jouer avec lui tous les jours. C'est le plus gentil de tous... Il t'aime beaucoup.

— Assez joué les fillettes ! J'ai réussi avec succès l'épreuve du tatouage extrême. J'y ai passé toute la nuit : une victoire très exigeante. Pour supporter cela, j'ai cherché à entrer en transe. Veux-tu voir ce que ça donne ? Je suis maintenant invincible ! »

Voilà qui explique pourquoi il est dans un tel état. L'épreuve physique est très certainement douloureuse. Mais je n'ai pas vraiment envie de voir son torse nu... Il enlève sa chemise de toile fine et je découvre une scène plus dramatique que belle. Une tête de tigre, bouche ouverte et dents proéminentes, recouvre tout le haut du corps, de la ceinture aux épaules. Les lacérations de la peau sont enflées et encore sanguinolentes. Subir cela à froid est sans doute un véritable calvaire. Mais il n'entend pas se plaindre des souffrances subies, car toute souffrance élève l'âme et rapproche de la perfection, croit-il. Est-ce un nouveau martyr de la foi ou un homme complexé qui cherche à se démarquer ?

Il se sent maître du monde : que puis-je dire ou faire pour le raisonner ? Il se fait plus insistant.

« Je veux affronter Rainbow... Donne-moi le clicker et viens ! commande-t-il.

— C'est trop dangereux. Elle sera agressive. J'aimerais que tu attendes quelques jours. »

Je cherche des arguments. Que dois-je inventer pour lui faire entendre raison ?

« Tu vois, les tigres s'excitent facilement ; un rien peut réveiller leur prédation. Il faudrait aussi que tu sois très calme... Je ne veux pas endosser ton geste. C'est une mauvaise décision.

— Tu as ton instrument magique et moi, j'ai mon tatouage. On verra bien qui de nous deux s'en sortira vivant, ajoute-t-il en me défiant de son regard noir. La dompteuse aurait-elle peur ? »

Lorsque nous approchons de sa nouvelle cage, la tigresse Rainbow se met à grogner pour exprimer son humeur belliqueuse. Je tente de l'apaiser. Carlos s'approche de la porte. Je tente de cliquer le calme de Rainbow, espérant qu'elle va me regarder, mais elle semble attirée par les gestes nerveux de Carlos. Il la provoque.

Je veux le ramener à la raison. Mais la tigresse s'excite de plus en plus. Elle longe la clôture et se met debout en y appuyant les pattes avant, face à face avec son visiteur. La gueule ouverte, elle attend la suite du défi. Une forme d'excitation se lit déjà dans son attitude.

« Rainbow, viens ici… j'ai des friandises pour toi… Laisse tomber cette mauvaise fréquentation. Tout doux… On va jouer un peu. Calme-toi… »

Elle se remet à quatre pattes et marche vers moi. J'ai marqué un point. Carlos est furieux. Il fait glisser le loquet de la porte, les yeux remplis d'une haine indescriptible. C'est vers moi que sa colère se dirige. Je représente tout ce qu'il déteste, et il semble m'en vouloir de garder mon calme et de m'interposer entre lui et l'animal. Je cherche de nouveaux arguments pour qu'il se ressaisisse.

« Tu risques ta vie… Pense à l'échec que tu vas vivre si le tigre te blesse. Finie, ton immunité face au père abbé. Tu vas être rejeté comme le dernier des hommes parce que tu as défié la règle. Tu ne seras jamais le maître devant ce tigre. C'est un animal qui réagit avec son instinct : toi, tu peux réfléchir et choisir de retenir ta provocation. L'invincibilité et la stupidité n'ont rien en commun. »

La peur de perdre ses privilèges est un argument qui marque un point. Il semble renoncer à la provocation gratuite pour cristalliser son agressivité contre moi.

« Le grand maître qui a fait mon tatouage m'a dit que le pouvoir réside dans la confiance en soi. Tu as ce pouvoir. Si tu voulais devenir mon alliée...

— Allons, Carlos, tu as fait le vœu de respecter tous les êtres vivants. Tu ne vas pas me... draguer, quand même !

— Je veux ton souffle, toi la dompteuse de tigres. Embrasse-moi ! J'ai déjà conquis des centaines de femmes avant toi. Je suis un amant incomparable. Tu dois te soumettre à ma volonté !

— Tu es complètement fou ! Je ne possède aucun pouvoir. Tu as perdu la tête. Carlos, remets ta chemise et revenons à l'accueil ! Tu vas regretter ton geste. Réfléchis à ce que tu risques. Dans notre culture, je pourrais te faire mettre en prison.

— Tu seras ma muse et tu partageras mon pouvoir. Toi et moi, à la tête du Temple des Tigres, ce sera la parfaite combinaison. Je te désire depuis longtemps sans l'avouer. »

Des bruits de pas et une voix familière... Margarita m'appelle. Je lui réponds d'une voix forte. Le moins que je puisse dire, c'est qu'elle arrive au bon moment !

Carlos tente de masquer l'interaction qui était en cours. Il me réprimande d'une voix faussement autoritaire. « Nous vous avions dit de ne pas vous promener seule. Qu'est-ce que vous aviez à fouiner dans cette zone ? Venez que je vous sorte de là... », dit-il en tassant à grands bruits des outils qui se trouvent à côté de moi, sur le sol.

Margarita s'approche et me tend la main. A-t-elle deviné que j'étais tombée dans un piège tendu par Carlos ?

* * *

« C'est un fou, cet homme. Je ne peux pas croire qu'il t'ait piégée. »

Je lui raconte tout. J'ai eu très chaud… Elle me rassure.

« Ce genre de gars qui se vante tout le temps doit avoir un terrible complexe qu'il tente de dissimuler… Tu l'intimides trop pour qu'il ose te violer, mais je suis contente d'être arrivée avant qu'il ait posé des gestes trop insistants. J'ai raison de me tenir loin de lui, sauf lors des réunions officielles.

— Pauvre Carlos, l'invincibilité a ses limites, il faut croire. Avec nous deux, ça ne fonctionne pas. Il peut remballer son… ego !

— Mais sérieusement, que ferons-nous avec un tel conseiller ? Le père abbé continue de lui faire confiance sans se douter que c'est un homme dangereux…

— Je pense qu'il va se piéger lui-même. Il est trop téméraire, trop vantard et, tôt ou tard, sa phobie des tigres va le rattraper. Ce n'est pas un tatouage qui va le protéger… S'il ne change pas d'attitude, s'il provoque les félins, son rêve prémonitoire pourrait bien se réaliser. Il voulait se mesurer à Rainbow tout à l'heure. Il serait déjà mort si je ne l'avais pas empêché d'entrer dans la cage.

— Alors tu crois que c'est inutile de porter plainte, de révéler le tout à maître Chan ?

— Écoute, dans quelques jours, je serai loin et je classerai cet écart de conduite dans les épisodes à oublier, puisqu'il n'a pas réussi à obtenir ce qu'il voulait. Il sait cependant qu'il a échoué dans la mise à l'épreuve de son pouvoir. Son ego va sans doute retomber à zéro lorsqu'il va dégriser… Va-t-il même se souvenir de ce qui s'est passé ? J'ignore ce qu'il a consommé… Pour supporter une nuit de tatouage à vif, sans sommeil, il a sans doute eu recours à des drogues très puissantes.

— Bien… Je voulais que nous allions souper ensemble à l'auberge pour souligner la fin de ta mission… Évidemment, je ne l'invite pas ! Je te raccompagnerai après, en moto, pour m'assurer que tu rentres saine et sauve. Qu'en dis-tu ?

— Je veux bien. Ça me changera les idées. Pas question de laisser ce sombre personnage gâcher mes dernières heures ici. As-tu pu trouver les éléments requis pour commencer les fiches ? Je pourrais faire quelques observations, si tu as le temps de m'assister. Rien de tel que le travail pour éviter de broyer du noir. En ayant en main l'exemple d'une fiche complète, tu pourras peut-être vendre l'idée de créer un nouveau système, plus difficile à déjouer à l'avenir. »

Elle accepte avec bonne humeur. Je ne peux qu'admirer sa résilience. Elle m'impressionne, cette universitaire qui aurait pu avoir une carrière très brillante en biologie animale dans son pays ou ailleurs dans le monde. Margarita me montre la voie. Sa façon de voir et de progresser est comme un baume sur mes pensées encore troublées par l'affrontement avec Carlos. Je ne peux cependant m'empêcher de penser qu'elle doit se sentir très seule dans son combat pour l'évolution du Temple des Tigres. Elle doit accepter le machisme de ces hommes moins compétents qu'elle, mais qui sont en position d'autorité absolue. Elle a compris que derrière leurs sourires aimables, courtois et empathiques se cachent des humains déterminés à conserver le statu quo, à ignorer les arguments des autres, le plus souvent en refusant tout compromis.

* * *

La soirée d'adieu, celle où les amitiés s'expriment, réunit deux collaboratrices qui ont de nombreux points en commun.

Margarita me témoigne sa satisfaction pour le travail effectué. Elle enregistre soigneusement toutes mes recommandations et nous rions des situations qui, parfois, nous ont fait perdre contenance. Nul doute, cette complicité entre nous est une sorte de police d'assurance contre toute amertume. De plus, j'ai la certitude que tant qu'elle sera là, discrète mais très efficace, le sort des tigres ne pourra que s'améliorer.

« Et si je te demande de revenir, l'an prochain, pourras-tu te libérer de nouveau ?

— C'est grâce à toi si je suis revenue cette année, et j'espère que, si tu fais appel à moi, je pourrai à nouveau te dire oui. Mes projets d'avenir sont nombreux et, souvent, je réagis sur des coups de cœur. Mais je l'avoue, j'ai passé une sorte de pacte avec les tigres, tout comme avec la femelle léopard et l'ourse. Ils sont ma famille thaïlandaise. Je les abandonne quelques mois, mais, au moindre courriel de ta part, j'accours…

— Je vais essayer de donner suite à ta recommandation. La création des fiches d'identification me permettra du coup de vérifier si Carlos a un comportement correct envers les animaux. Si jamais j'ai des doutes sur ses transactions, des disparitions, si je soupçonne des magouilles, je vais me faire un double plaisir de lui river son clou, à ce faux sage.

— Je vais l'appeler "le diable" pour mieux le détester sans le nommer, à l'avenir… Quelle histoire ! Je ne sais pas si je pourrai raconter cela un jour sans revivre le dégoût qu'il m'inspire. Merci pour ta compréhension. Tu es une amie formidable. Portons un dernier toast à l'amitié ! »

Margarita me fait monter derrière sa moto et, cheveux au vent, nous retournons au Temple des Tigres. Elle n'a peur de rien, cette amazone russe. C'est elle qui possède l'invincibilité que Carlos voudrait bien obtenir. Dans sa sagesse, elle ne provoque pas le sort ; elle se contente d'être elle-même et de travailler avec des intentions positives, quoi qu'il arrive. Son discernement m'impressionne à chaque nouvelle expérience.

La nuit noire recouvre le Temple. Margarita me fait passer par la petite porte dont elle a la clé pour ce soir et m'accompagne à travers les sentiers. Elle a une petite lampe de poche. Nous marchons en nous racontant nos peurs respectives et en riant. Soudain, je sens une douleur à mon pied. Je fais un bond pour m'éloigner de cette sensation désagréable. « Aïe ! J'ai mal. Qu'est-ce que c'est ? »

Margarita me demande ce qui se passe, s'inquiète. Je suis pliée en deux et j'essaie de toucher ma cheville. « Quelque chose est accroché à mon pied. Ça bouge… Une bestiole, je ne sais pas ce que c'est…

— Vite ! Montre-moi, lance Margarita. On dirait une grosse chenille, un centipède, peut-être. Allons à l'accueil. On va regarder. Peux-tu courir ? Tiens, remets ta sandale.

— Je n'aime pas les choses qui rampent… C'est dégueulasse… Pas ça ce soir ! »

Elle ouvre les portes, allume la lumière, me fait asseoir. La bestiole est collée à ma cheville et on dirait qu'elle suce mon sang. Je crie. Je suis effrayée. Je veux la chasser, mais elle s'accroche.

« Une seconde, je prends un bocal et on va garder l'insecte pour voir s'il est venimeux. On ne sait jamais », conclut-elle en se penchant pour l'extraire avec un bâtonnet.

Les dents de l'animal ont fait deux trous dans ma peau. Le sang se met à couler dès que l'agresseur est extirpé. Il bouge, se tortille, se débat dans sa prison de verre. Selon Margarita, c'est un centipède géant, près de 30 centimètres de longueur, qui n'hésite pas à s'attaquer à des scorpions ou à des tarentules. C'est un insecte nocturne qui est dangereux et a peu de prédateurs. « Normalement, ajoute-t-elle à voix basse, il gagne tous ses combats. »

Je frissonne. J'ai une aversion sans nom pour tout ce qui rampe. Je ne l'avoue pas, mais les invertébrés de tout acabit sont mon talon d'Achille. Moi qui n'hésite pas à travailler auprès des plus grands animaux, j'ai horreur des petites bibittes qui jonchent le sol. Et là, un centipède, ce n'est pas vraiment dans ma palette d'amis. Je demande à Margarita de me passer le contenant pour que je voie mon ennemi de plus près, malgré le choc de l'attaque.

Il bouge encore : c'est un long ver doté d'une petite carapace ambrée et muni de centaines de pattes qui lui permettent de marcher sur toutes les surfaces. Ses deux antennes sont longues et il a deux dents petites et acérées. J'ai un haut-le-cœur... C'est peut-être mortel ? Je panique. « Est-il venimeux ? M'a-t-il infectée ? »

Margarita a ouvert son ordinateur et cherche le centre antipoison. Elle tente de me rassurer et me demande si ma cheville est douloureuse.

« C'était douloureux il y a cinq minutes, mais là, on dirait que je ne sens plus mon pied... La partie autour de la morsure est plus enflée. Ça saigne toujours un peu. Qu'est-ce qui va m'arriver ? Je vais mourir ?

— On dit ici que le centipède peut tuer une tarentule en deux secondes parce que ses dents lui injectent un liquide paralysant et qu'elle ne peut pas réagir assez vite pour se défendre. À mesure qu'il se libère de son venin, le centipède change de couleur, devenant plus translucide, un peu fluorescent. Regarde donc de quoi il a l'air maintenant ?

— Il pâlit… on dirait qu'il tourne au vert. Dis ? Il est venimeux ? Mon Dieu, je ne sens presque plus mon pied… Je vais mourir.

— Ne panique pas… Je vais appeler le centre de production des antidotes, qui est près de Bangkok. Ils vont m'aider à y voir plus clair. Respire… Ce n'est pas le temps de jouer à se faire peur… Merde… Ça ne répond pas. Je vais essayer le second numéro. »

Je sens le stress qui fait son effet. Toujours calme et maîtresse de ses émotions, Margarita semble troublée, véritablement inquiète. J'ignore ce qu'elle a lu sur Internet, mais je commence à me sentir mal. Si c'était mortel ? Le poison dans mon sang, le sang dans mes veines, la perte de sensibilité, la suffocation. Le noir…

« Dis-moi ce qu'on peut faire ? Désinfecter, mettre un garrot au genou… Mon pied est devenu insensible. Je ne peux même pas le sentir en marchant dessus… »

J'enlève ma ceinture. Je la serre très fort juste en haut de ma jambe, en l'appuyant sur l'os du genou. Je sautille jusqu'à la trousse de premiers soins. Au moment où je la décroche, elle s'ouvre et tout son contenu se répand par terre. Je m'énerve. Le petit livre est écrit en thaïlandais.

« Merde ! Pourquoi ? C'est trop con ! Il n'y a pas de médecins ici ?

— À Kanchanaburi, il y a une infirmière. Je vais te donner un peu de quinine. On la conseille dans les cas de morsure, en attendant d'identifier la cause infectieuse. Ça va t'aider à te détendre aussi.

— Mais tu ne comprends pas. Je n'ai pas mal : je ne sens plus rien. Le venin a tout engourdi. Je suis la tarentule qui ne peut pas se défendre. Le centipède ne peut pas me dévorer, mais le mal est fait.

— Reste un peu tranquille... Tu dois te calmer. Le médicament va probablement stopper cet effet anesthésiant. Le centipède ne peut pas sucer ton sang, il est là et se meurt. Je pense qu'il a cru t'avoir alors que c'est toi qui auras sa peau... Tu es sans doute plus venimeuse que lui! lance-t-elle en essayant de dédramatiser la situation. Il y a de la glace dans le haut du frigo. Je vais aller en chercher.»

Pendant une minute, je ferme les yeux. Je suis assise dans le fauteuil du père abbé. C'est le seul qui a un coussin. Heureusement que personne ne me voit. Ce serait un sacrilège innommable. Je vais mourir dans les bras de Bouddha! Vais-je me réincarner? Si j'en crois Carlos, il va me jouer le tour de me mettre dans un nid de serpents... Wow! Je préfère me battre pour rester dans cette vie-ci, car je l'aime bien, tout compte fait. Margarita?

Elle m'a fait une compresse glacée. Elle l'enroule autour de ma cheville. Je ne sens pas le froid. Je lui demande ce qu'elle ferait, à ma place... Croit-elle au karma? J'ai un peu sommeil.

Elle met sa main sur mon front. La sueur commence à pointer à la racine de mes cheveux.

«Je vais prendre ta température. Tu fais peut-être un peu de fièvre. Je vais appeler l'hôpital tout de suite après. T'inquiète pas, je reste avec toi. Pas question d'abandonner ma meilleure amie!»

Je me laisse faire, il est 22h30 à l'horloge *made in China* qui est accrochée au mur. J'entends Margarita parler à un infirmier ou un docteur. La personne du centre antipoison dit que, si l'insecte est enlevé dans les cinq minutes suivant la morsure, d'après elle, il n'y a rien à craindre. L'effet d'engourdissement ne va pas durer. Margarita remercie et revient près de moi. On dirait que le temps n'a plus d'importance.

Ses pas résonnent bizarrement. J'ai eu une vie parfaite pour moi. Je pense à mes deux enfants que j'adore. Ils vont m'en vouloir de les avoir abandonnés, même s'ils sont adultes, débrouillards et bien outillés pour relever leurs propres défis. Merde ! Je voudrais tant les prendre dans mes bras encore une fois.

Margarita défait le garrot et masse un peu ma jambe, du haut vers le bas. Je sens des picotements. Je la remercie de prendre soin de moi comme ça. Ma bouche est pâteuse et j'ai du mal à articuler correctement. Maman, je voudrais bien articuler chaque mot comme tu me l'as montré, mais je n'y arrive pas.

« Allez, tu vas maintenant fermer les yeux, pas pour mourir. Dans quelques minutes, l'effet de la quinine va passer et tu te sentiras de nouveau en forme. Pas question de te laisser partir au paradis. Pense à la déconfiture, à la mauvaise presse si notre entraîneure vedette mourait ici ! La réputation du Temple serait ruinée à jamais. Tu ne peux pas me faire ça ! Je veille sur toi et, au besoin, je te fais le bouche-à-bouche... »

Tout tourne dans ma tête. Il me semble que le temps recule. Je vois la tête du diable Carlos qui rit de moi, me souhaitant la pire des vies dans mon prochain karma, puis les tigreaux, le travail au zoo, les louveteaux, la femelle lama que j'adorais, mon père, Tonio, qui m'ouvre les bras. Je dis que je ne veux pas mourir, je me débats contre une sorte de courant qui m'aspire. Je manque d'air... J'ai peur. Je me mets à trembler. Le centipède est devenu vert et transparent ; il me regarde du fond de son bocal. « Tu te sentais bien forte, n'est-ce pas ?... Tous les êtres vivants ont les mêmes droits. Je suis venu venger mes frères qui sont morts par ta faute. Tu as entendu maître Chan : "Qui es-tu pour choisir de donner la mort à un chien, à un chat, à un animal vivant ?" » La tête de l'insecte a pris la forme du visage du père abbé et c'est sa voix qui me parle, caverneuse, accusatrice. « Tu vas devoir réparer dans une autre vie toutes ces erreurs. Sais-tu ce que ressent un animal qu'on euthanasie ? C'est comme ce que tu vis maintenant... tu crois t'endormir, mais jamais, jamais, jamais tu ne te réveilleras... »

La voix de Margarita me ramène à la réalité. « Jacinthe, serre ma main... Ouvre les yeux maintenant. Tout va bien. Tu es vivante... Reviens avec moi. Tu ne vas pas abandonner ton amie ? »

J'ouvre les yeux. Margarita sourit, les yeux mouillés de larmes. L'horloge marque 22 h 55. Je bouge un peu. Je cherche à regarder mon pied. Je le sens. Il y a encore une rougeur mais l'enflure est partie. Je suis vivante !

* * *

Le jour se lève. Mon dernier en Thaïlande, car je dois prendre l'avion au cours de la soirée. J'ai dormi comme un bébé et, Dieu merci, je n'ai pas fait de cauchemar. L'effet de la quinine, sans doute. Je me lève. Le désinfectant que Margarita a appliqué sur ma cheville a la couleur de la teinture d'iode, comme de la corrosion. Je m'étire un peu et je m'approche de la fenêtre, pour voir le décor une dernière fois. Quelques pas, puis... Je réprime un cri. Je recule sans que mes yeux soient capables de se détacher de la chose qui... rampe juste là, à 30 centimètres de mes pieds. Un serpent... gros, long, qui remue en faisant ses contorsions silencieuses. Il était là pendant que je dormais. Je sens mes jambes ramollir. J'ouvre la porte de la chambre et je sors en la refermant derrière moi. Mais sous la porte, il y a suffisamment d'espace pour que le serpent traverse...

Ma peur incontrôlable pour ce qui rampe me rattrape. C'est un signe, un message : « Jacinthe, ma vieille, c'est le temps que tu partes d'ici, car on ne veut plus de toi… Si tu veux vivre encore longtemps, tu devrais rentrer chez toi… La mort est à tes trousses… »

J'essaie de retrouver mon sang-froid. Ce n'est qu'une vipère qui s'est égarée. Elle doit chercher comment retourner à la nature. Elle est dangereuse si on l'attaque. Rien de comparable à un lion féroce, à un éléphant en colère ou à un tigre affamé. Elle est sans doute déjà loin.

Je suis tiraillée entre la curiosité de voir si elle est toujours là et la peur de la trouver sur mon chemin, de la brusquer. Je sens mon cœur battre à cent à l'heure dans ma poitrine. Que faire ? Il me faudra bien rentrer dans ma chambre pour faire mes bagages. Pas d'autre option !

Je voudrais faire un peu de bruit, au cas où elle serait encore là, rien que pour lui signaler une présence mais sans l'effrayer. Je cogne deux bouteilles de verre ensemble. J'ouvre et je ferme le robinet de la salle de bains. Je fais claquer la porte plus fort que d'habitude. C'est une sorte d'exorcisme, comme quand on veut chasser les mauvais esprits. Je me sens ridicule, mais j'ai besoin de marquer mon territoire. « Cette chambre est à moi, tu comprends ! »

Pas de bruit, évidemment. J'entrouvre la porte d'une main tremblante. « Elle ne va pas te sauter au cou, quand même », me dit ma petite voix. Je risque un œil. La vipère n'est plus là. Rien devant la fenêtre. Mais où est-elle ? Dans mes affaires ? Dans ma valise ? Dans mon lit ? Dans un coin, là, derrière la porte ? Ma respiration s'accélère. Je dois entrer, faire le ménage de mes affaires, rouler mon matelas, faire ma toilette, m'habiller pour aller déjeuner, comme si rien ne s'était passé. Ça me dégoûte de penser

Durant un safari en Afrique, au lever du soleil.

Les plus beaux couchers de soleil qu'il m'a été permis de voir. L'Afrique est magnifique !

À cheval, j'adore visiter les contrées lointaines.

Un groupe de lionnes et leurs jeunes sont juchés dans un arbre. Ils sont huit à nous observer.

J'ai eu la chance inouïe d'apercevoir une maman rhinocéros avec son bébé.

Un zèbre en pleine nature. Lui et tout le troupeau sont à l'affût des lions et des guépards qui rôdent.

En mode camouflage, le guépard s'apprête à bondir.

L'un des plus rares cervidés au monde.

La route est restée fermée pendant près d'une heure, parce qu'une harde d'éléphants nous bloquait le chemin. Quel spectacle !

qu'elle a peut-être rampé dans chacune de mes choses. Le désordre habituel me semble maintenant une menace, une aberration !

Il y a un balai dans l'entrée. Je suis sauvée... Je m'avance avec plus de confiance. Je tasse un peu les vêtements avec le manche du balai qui me sert de protection. Rien de suspect. La vipère est partie. Je me retrouve seule avec mon cerveau qui tourne dans les deux sens à la fois : « Ouf, j'ai eu peur pour rien » et « Attention, la fenêtre est toujours grande ouverte » se tiennent tête, se répondent à qui mieux mieux.

Le calme se réinstalle progressivement. Je me prépare à aller déjeuner. C'est dimanche. Les administrateurs sont là, avec les femmes et les enfants qui sont venus passer la journée au Temple des Tigres. C'est l'occasion de les saluer une dernière fois. Je range mes phobies dans mon tiroir à émotions et je tente de les oublier. Je suis une femme forte, capable de lire le danger et de braver les circonstances les plus délicates : qu'est-ce que j'ai à trembler comme une feuille devant un centipède ou une vipère ? Un homme tel que Carlos n'est-il pas cent fois plus dangereux ? Pourtant je l'ai côtoyé chaque jour depuis un mois...

* * *

Margarita me regarde sans rien dire. Elle a les traits tirés. Impossible de dormir ! « Tu m'as fait vraiment peur. J'ai passé la nuit à revivre le pire scénario qui me soit arrivé de ma vie. Tu parles. J'ai failli perdre mon amie !

— Si ce n'était que ça... Sais-tu ce qu'il y avait au pied de mon lit, ce matin ? Une belle grosse vipère... Charmante compagnie pour le dernier jour de ma mission ! »

Je lui raconte ma frayeur pendant que les moines mangent avec appétit les très bonnes choses que les dames ont apportées. La bonne humeur reprend ses droits et quelques éclats de rire finissent par se propager. Le futur chef n'est pas apparu ce matin. On nous dit qu'il est souffrant : une forte fièvre, nous explique-t-on.

« Avec le tatouage énorme et les bravades d'hier, le pauvre va souffrir le martyre pendant quelques jours. Il aura le temps de réfléchir à son comportement. Et peut-être aussi à son avenir. »

Margarita n'ose pas me dire ouvertement qu'elle aimerait bien le voir partir. Le respect de l'autorité est une condition essentielle à l'exercice de ses fonctions. Je la regarde, admirant sa résilience.

« Je n'ai pas ta patience. J'espère que les tensions vont s'apaiser. Il va peut-être s'en prendre à toi, en devinant que je t'ai tout raconté.

— Je saurai me défendre. Ma détermination viendra à bout de ses tortueuses intentions. Mais tu sais que je le supporte, tout au plus. Au moindre faux pas, je le dénonce.

— Bonne chance ! J'espère te revoir dans cette vie... à moins que nous soyons réincarnées en sœurs jumelles ! »

La visite du chantier fait suite au déjeuner. Les administrateurs espèrent qu'un délai de trois mois sera suffisant pour terminer l'aménagement de l'île. De nouveaux donateurs ont souscrit au projet. Le temps est venu de chercher à améliorer les conditions de santé des tigres. Un appel à des vétérinaires bénévoles est lancé sur le site Internet. Pour Margarita, ce serait une progression importante si elle pouvait compter sur de l'aide professionnelle afin de donner suite à l'une des plus importantes recommandations de ma première mission.

Je me retire pour aller terminer mes bagages. Sur le sentier qui conduit à ma résidence, je sursaute. Ciel ! Ce n'est vraiment pas ma journée… Un cobra royal se dresse devant moi… Il écrase sa gorge jaune et me fixe, son dard entrant et sortant de sa gueule humide. Il me barre la route, dressé comme un tronc d'arbre, atteignant près de 1 mètre de hauteur. Je reste immobile. Ma phobie se matérialise encore. Pourquoi ? Ai-je attiré par mes pensées ce que je crains ? Y a-t-il un message à décoder ? Que va-t-il m'arriver ?

Combien de temps reste-t-il là, à me fixer de ses yeux froids ? Je ne sais pas. Des bruits de pas le font tressaillir. Il plonge dans l'herbe haute et disparaît dans l'abondante végétation. Je reprends mon calme. « C'est terminé ! »

Le trajet de mon retour vers Bangkok me semble plus court que lorsque je suis arrivée. Je me sens soulagée à l'idée que ma mission prenne fin. Je ne sais pas quel effet mes peurs auraient eu si j'avais dû les affronter au début de mon séjour plutôt qu'à la toute fin. Ma confiance en moi a du plomb dans l'aile. Ce qui me rassure ? L'amitié de Margarita, les animaux que j'ai appris à mieux connaître et l'idée d'une longue douche, chaude et enveloppante. Pour le reste, il est trop tôt pour faire un bilan. Mes émotions sont encore à fleur de peau. Ce qui est clair, c'est que j'ai hâte de poser mes pieds en sol québécois.

On dit que tout le monde, un jour, rencontre ses peurs et doit les affronter s'il veut passer d'une étape de sa vie à une autre. C'est l'épreuve d'aller au bout de soi-même que je viens de vivre. Je monte à bord de l'avion sans même penser à la peur que j'avais, jusqu'à ce dernier voyage, de ne jamais atterrir, de risquer un écrasement… Je suis consciente que mes deux séjours en Thaïlande m'ont beaucoup transformée. Raconter tout cela n'est pas encore dans mes projets… D'ailleurs, qui serait impressionné par mes escapades au bout du monde, au bout de ma passion, au bout de mes forces vitales ? Personne ne mesure la chance qu'il aura de serrer la main d'une femme qui a croisé trois fois l'ombre de la mort en moins de 24 heures. Ma chance est réelle : je suis simplement une humaine, vivante, et c'est tant mieux !

* * *

Jamais je n'ai senti autant de chaleur humaine, malgré le vent frais qui souffle sur l'aéroport Montréal-Trudeau, que lors de cet accueil printanier. Mes enfants sont là, mon conjoint, quelques amis, ma mère... Je me sens redevenue une personne réelle. Je regarde chacun avec une arrière-pensée : « Tu aurais bien pu ne jamais les revoir, tu sais... La vie est un cadeau sans prix. Vraiment ! »

De retour à mon poste, à l'école d'entraînement canin, je trouve un courriel de May, la journaliste de Radio-Canada. Elle a obtenu une entrevue avec un porte-parole de Care for the Wild International et veut me la faire entendre. Je la joins au téléphone sans attendre, tellement ma curiosité est grande. Qu'a-t-il dit ? Qu'il faudrait fermer le Temple des Tigres ? Le boycotter ? Je ne tarderai pas à le savoir.

« Je me suis entretenue avec un certain Guna qui m'a dit être venu quatre fois au Temple pour prendre des photos et monter son dossier. Évidemment, il n'aime pas beaucoup ce qu'il y a vu. Je te fais écouter la bande sonore.

— Le tigre est un si bel animal ! commence Guna. Les touristes souhaitent n'avoir aucune barrière entre eux et le tigre, je pense ; ce sentiment de crainte et d'excitation, tous le ressentent... Wow ! je suis tellement près d'un tigre ! Tout le monde s'excite, mais ce contact est un mensonge, un ignoble mensonge !

— Vous avez une liste de plaintes concernant le Temple des Tigres, dit May. Certaines personnes prétendent que les tigres sont issus d'un croisement consanguin et que leurs conditions de vie sont épouvantables. D'autres disent que les félins sont maltraités et affligés, pas zen du tout, qu'ils ont trop chaud dans le canyon et qu'ils ont peur de leurs dresseurs.

— Le Temple des Tigres a beaucoup de partisans qui sont, je crois bien, tristement mal informés et qui croient vraiment que cette organis… ce commerce, plutôt, fait en réalité quelque chose pour aider les tigres, mais ce n'est pas le cas. La vie des tigres est anormale. Care for the Wild International veut que les séances de photographie cessent dès maintenant parce qu'elles sont dangereuses pour les tigres et les touristes. En janvier dernier, je suis venu au Temple pour le déjeuner, pour partager mes préoccupations avec le père abbé. Il a crié et m'a jeté dehors avant que je puisse finir ma visite. Selon moi, rien au Temple n'a changé depuis. Les touristes continuent à envahir le canyon, à se mettre à genoux derrière les tigres et à les toucher. »

May me demande de commenter les propos de Guna, si je le souhaite, car son reportage est pratiquement prêt à être diffusé.

« Mes deux expériences me font espérer, car les choses évoluent dans le bon sens, dis-je. Je continue de penser qu'il faut tout mettre en œuvre – donner un entraînement comportemental aux tigres et leur offrir de nouveaux aménagements – afin qu'ils retournent à la nature. J'ai vu des améliorations concrètes en deux ans. Maintenant, il y a deux enclos en plein air où certains des tigres agressifs vivent et d'où les touristes peuvent les voir être… des tigres. Il y a des enrichissements dans toutes les cages, même les petites. Il y a des jouets et des choses que les tigres peuvent griffer, et les tigreaux reçoivent un entraînement comportemental. Mais la chose étonnante, c'est de voir l'île des tigres prendre forme avec une énorme nouvelle maison pour le reste des tigres. C'était presque terminé quand je suis partie. L'été dernier, on m'avait dit que ça prendrait 50 ans avant que ce soit terminé, mais ils ont fait des efforts, les administrateurs. Il faut les appuyer tout en restant vigilant. J'ai confiance que les tigres seront un jour dans un habitat qui leur convient vraiment.

— Merci, Jacinthe, pour cette entrevue. On se tient au courant. Je t'appelle pour te dire quand mon reportage va être diffusé… Et on se voit dès que possible ! lance May. »

Avec le point de vue de Care for the Wild International et une conclusion sur l'état des travaux, le portrait que May a brossé est complet. La diffusion devrait faire un bel effet.

* * *

Près d'un mois plus tard, l'heure H arrive. Je suis un peu fébrile en entendant le présentateur Jim Brown commencer l'émission.

Les entrevues et les commentaires de May nous font partager la vie au Temple à travers les propos du père abbé et les impressions des touristes qui sont sur place. Je revis l'émoi de la dame qui s'est fait griffer au mollet, l'indignation de voir la belle Rainbow maltraitée, et mes impressions tombent bien, faisant le contrepoids entre la réalité et les efforts d'amélioration. La conclusion de Care for the Wild International et mon retour, en fin de reportage, laissent une belle ouverture pour que les auditeurs et les futurs visiteurs se posent les bonnes questions.

« Nous venons d'écouter "La férocité que vous pourriez toucher", commence Jim Brown. Une question pour vous, May. Qu'advient-il de ce site tellement critiqué au sein de l'industrie touristique ? Est-ce que les gens paient toujours pour toucher les tigres ?

— Oui, ils sont toujours capables de les approcher et même de les caresser. Jacinthe Bouchard indique que ces séances de photo dans le canyon continuent, mais elle se sent encouragée par le fait que les visiteurs pourront aussi voir les premiers tigres dans leurs nouveaux enclos nager, courir et jouer avec leurs jouets d'ici trois mois. Cependant, tout le monde n'est pas aussi optimiste que Jacinthe au sujet de ces changements au Temple des Tigres. Guna, un porte-parole de Care for the Wild International, a récemment publié un rapport incriminant dénonçant les mauvais traitements envers les animaux et le trafic illégal de tigres au Temple des Tigres. Maintenant, les gens de Care for the Wild International affirment qu'ils ont réuni des preuves selon lesquelles le Temple achète et vend secrètement des tigres à un marchand au Laos et que des tigres orphelins ne sont tout simplement pas réellement secourus comme on le prétend, mais échangés dans un nébuleux système de troc. Dans son rapport, le groupe militant pour la défense des droits des animaux réaffirme sa position par rapport au fait que les humains ne devraient plus être en mesure de s'approcher pour toucher les tigres, parce que c'est dangereux pour eux et réellement malsain pour les tigres. Quant à moi, je vous assure que ce dossier continue de m'intéresser au plus haut point. J'aimerais remercier tout particulièrement Jacinthe Bouchard, l'une des plus passionnantes spécialistes canadiennes en comportement animal, pour sa collaboration à ce projet. Nous en reparlerons très certainement d'ici quelques mois, question de vérifier qui dit vrai ! » conclut May.

Ces propos me laissent perplexes. En l'absence de tout contrôle sur la population des tigres, Carlos pourrait-il agir à l'insu de tous et s'adonner à des échanges douteux ? Comme je n'ai pas de preuves, mes soupçons demeurent sans fondement. Tant que les animaux ne seront pas officiellement fichés, leur mobilité reste possible et la loi du silence peut faire en sorte de brouiller la trace des transactions. Mais sans contrôle, impossible d'inculper qui que ce soit. La sensibilisation de Margarita me semble rassurante. Elle pourra agir en mettant en place un mécanisme de suivi, afin de protéger les tigres du Temple.

* * *

Un courriel de Margarita atterrit dans mon ordi, quelques semaines plus tard : « Je viens de me voir confirmer une semaine de vacances en solitaire. J'ai l'intention de me rendre en Afrique du Sud. Est-ce que tu peux te libérer ? Nous pourrions partager ce voyage de repos mais aussi de découverte…

« Tu sais, j'aimerais bien voir, dans ce pays où vivent les plus gros mammifères du monde, comment les gestionnaires de zoos et les fondateurs des grands parcs s'organisent. J'ai le sentiment que mes préoccupations rejoindront les tiennes… J'attends ta réponse avec une réelle excitation…

« Je souhaite que nos planètes s'alignent, une fois de plus, dans l'amitié. »

L'amitié de Margarita, l'appel de l'aventure, l'exotisme… Que me réserve cette invitation ? Mes deux séjours en Thaïlande ont été un grand stimulant dans ma carrière. Le seul écueil, c'est ma phobie pour les reptiles. L'Afrique du Sud me fascine, bien évidemment. Est-ce braver le destin ?

Vais-je me sentir plus vulnérable maintenant que ma phobie s'est manifestée ouvertement ? Suis-je capable de sublimer cette leçon ?

Toute une nuit durant, mon petit hamster se démène dans ma tête. La solution qui va me libérer de cette cage invisible qu'est la peur doit bien se trouver quelque part. Existe-t-il une créature vivante à mon épreuve ? Il vaut mieux ne pas parier là-dessus... Bien malin qui pourrait prédire jusqu'où ma passion animale va me conduire !

CHAPITRE 7

La liberté

Entre deux grimaces, je serre les poings. La douleur est supportable même si je n'aime pas vraiment le procédé. Je suis entrée dans une boutique de bonne réputation, rue Sainte-Catherine, sur un coup de tête, comme j'ai l'habitude d'en avoir. Je réfléchirai plus tard !

C'est mon amie psy qui m'a un peu provoquée sans le savoir. Renée m'a rappelé que, pour prouver leurs dons, les chamans se font inoculer du poison et, s'ils survivent, cela devient la preuve de leurs pouvoirs. Elle a trouvé une sorte de conclusion à mon hésitation : « Il faut apprivoiser ce que tu crains. Tes dons particuliers se révéleront alors au grand jour. Tu ne craindras plus. Tu sauras que tes habiletés ne sont pas le fruit du hasard. Tous les signes que tu as reçus séparément seront enfin réunis dans un tout. »

Le même mythe veut aussi que les chamans obtiennent tout ce qu'ils désirent de la vie par la suite. Cela vaut bien quelques malaises…

Sur ma cheville droite, à l'endroit même où le centipède m'a donné le baiser de la mort, un beau serpent ondule et s'active dès que je me mets en mouvement. On dirait qu'il est vivant. Le tatouage est très ressemblant. Que dire… Je me sens plus sûre de moi depuis qu'il me colle à la peau. Mais irais-je jusqu'à prétendre qu'il me rend invincible ? Ce n'est pas sans me rappeler un certain Carlos, le personnage le plus insaisissable et le plus ambigu que j'aie connu de ma vie. Celui que je crains bien plus encore qu'un lion ou un éléphant en colère. Non, le tatouage, pour moi, c'est un message destiné à tous les êtres rampants. C'est comme un STOP subliminal. Il me rend encore un peu plus animale.

J'ai ri un peu nerveusement lorsque le travail de l'artiste a été terminé. J'ai regardé ma cheville avec la conviction d'avoir trouvé mon antidote : je peux à nouveau ouvrir mes ailes. Maintenant, lorsque mes amis me demandent pourquoi j'ai ce serpent tatoué à la cheville, je déclare, le plus sérieusement du monde : « Ce que vous voyez là, ce n'est que la première campagne publicitaire au monde destinée à informer les serpents de ne jamais, au grand jamais, me provoquer ou me marcher sur les pieds ! Et ça fonctionne ! »

J'ai donc en permanence sur moi mon nouveau visa psychologique me permettant de visiter sans crainte les pays du monde que je n'ai pas encore vus. Je réponds alors à l'invitation de Margarita et, en quelques semaines, je conclus même une entente de conférences auprès d'un important éleveur de chiens de Durban. Reste à faire correspondre les dates, puis je saisirai le prétexte pour partager une belle semaine avec ma meilleure amie. Je sens la fièvre qui monte à mesure que le départ approche. Je suis à la fois confiante et fébrile devant cette nouvelle envolée de mon taux d'adrénaline.

* * *

Coup de foudre! Certains détours de la vie sont-ils écrits dans nos gènes? C'est ce que j'ai ressenti en mettant les pieds en Afrique du Sud. Je suis dans cet autre monde, tout à fait à l'aise, et je me regarde agir comme si j'étais un clone de Jacinthe. L'air sent bon, la foule est colorée, les paysages grandioses me font me sentir minuscule. J'arrive en territoire vierge, dans un coin du monde où la vie est fourmillante d'activités, et j'ai l'impression de tourner dans un film IMAX. La découvreuse, celle qui a tout à apprendre, c'est une féline qui analyse avec tous ses sens les éléments nouveaux qui l'environnent. Je marche dans Cape Town en admirant le modernisme de cette grande ville et l'immense montagne qui en occupe le centre. Que se passe-t-il donc là-haut? Un brouillard nuageux se répand sur la surface plane de ce massif et le recouvre comme une immense nappe blanche: la Table Mountain est un festin pour les yeux!

Sur ma route, un café Internet me permet de confirmer à mon hôte, Matthew Berry, que je serai à l'aéroport de Durban le lendemain midi. Un séjour dans un hôtel rustique où je dors à peine, trop énervée par ce plongeon dans l'aventure, et le réveille-matin me ramènent à la réalité. Je ne ressens pas de choc culturel, mais tous mes sens s'agitent. L'Afrique, pour moi, c'est une image mythique nourrie par mon amour des grands espaces et des animaux qui y vivent encore libres.

Moi qui ai adopté et entraîné dans les zoos des quantités d'animaux qui provenaient de ces contrées sauvages, me voilà en train de survoler la zone géographique qui est à l'origine de tous ces échanges exotiques. Je viens de pénétrer dans une fourmilière que je crains un peu aussi, je l'avoue. Tous mes réflexes me commandent de l'attention, jusqu'à ce que je me crée des repères nouveaux. Après avoir atterri à Durban, j'ai le cœur battant en voyant mon nom inscrit sur une affichette.

Matt et sa famille m'accueillent à bras ouverts. Le propriétaire de ce ranch qui a fait sa marque dans l'élevage de chiens m'a proposé d'enseigner à son équipe mes meilleures techniques d'entraînement canin puis, auprès des associations locales, de prononcer quelques conférences destinées à mieux outiller les amateurs et les amoureux d'animaux domestiques. Il s'agit d'une famille très attachante, un stéréotype de ce qu'on appelle ici des Africains blancs, des Afrikaners aux cheveux blonds et aux yeux bleus, grands propriétaires terriens qui ont traversé les tensions de l'apartheid. Je me sens en confiance avec Matt et encore plus complice avec son épouse, Michelle, mère de deux grands adolescents. Après avoir fait le tour du domaine, un ranch avec chevaux, poules, chèvres, lapins et oiseaux, sans oublier une centaine de chiens dont certains me sont totalement étrangers, je me sens plus confiante.

Une fois mes valises déposées dans une jolie maisonnette où je serai comme chez moi, nous faisons le plan et les horaires de travail. Deux surprises m'attendent: le plan de match est clair, avec une logistique parfaite, ce qui me permet de savoir exactement où je vais. Pour mon plus grand plaisir, je pourrai disposer de quelques jours pour faire un safari en compagnie de Michelle. C'est un échange de bons procédés qui me plaît énormément.

Je me mets à la tâche avec une énergie contagieuse. Mes heures de sommeil sont réduites et mon marathon professionnel me donne l'occasion de tisser des liens solides avec la famille Berry, plus particulièrement avec Michelle. La veille du safari, comme deux adolescentes qui s'apprêtent à fuguer ensemble, nous sommes prises toutes deux d'une fébrilité qui s'exprime en fous rires, en explosions d'enthousiasme, en débats autour des dangers possibles et en discussion sur ce qu'il convient d'apporter avec nous. Au moment d'aller dormir, en sachant que le réveil se fera à 3 heures du matin, Matt nous prévient : « N'oubliez pas de rester dans la jeep, surtout… Il y a encore deux touristes qui ont été tués la semaine dernière parce qu'ils voulaient absolument prendre la photo d'un lion dans un angle parfait. Ils n'avaient pas vu les deux autres qui les attendaient derrière le buisson. »

J'ai beau essayer de fermer l'œil, la dernière remarque de Matt m'inquiète. J'ai bien vu qu'on fait signer aux touristes une décharge de responsabilité… C'est qu'il y a un réel danger. Rien à voir avec les parcs exotiques qu'on a recréés au Québec ou en Ontario : ici, les intrus, ce sont les humains ! Et il n'y a pas de laisses comme au Temple des Tigres.

* * *

Il fait encore nuit dans le parc Thuchuwe, une immense plaine de 96 000 hectares, lorsque la jeep se met à ronronner. En plus de ses phares, le véhicule est muni d'un projecteur afin de balayer les pistes et de repérer des animaux. Un siège d'observation est assigné au guide qui baragouine un anglais très approximatif. Le parc est naturel. L'humain y est un visiteur toléré, en ce sens que les jeeps y circulent, mais qu'aucun contact avec les lions, éléphants, rhinocéros, impalas, koudous, guépards, babouins ou autres n'est possible. Plus de 10 000 bêtes vivent dans cette immense savane africaine où les points d'eau sont assez rares et les arbres clairsemés.

Dans un détour, une famille de zèbres qui traverse la piste est surprise par la forte lumière. Nous sursautons. Les zèbres figent sur place. Le guide africain applique les freins et laisse le temps au troupeau de reprendre le fil de sa vie. Ils nous flairent de si près que je peux placer ma main sur le museau d'une belle femelle adulte. Une fois la piste dégagée, nous repartons en les suivant des yeux jusqu'à ce qu'ils disparaissent dans la nuit.

Je frissonne légèrement. Le petit matin est froid. Je me frictionne un peu les mains et les cuisses. Heureusement que nous avons de bonnes vestes. Les écarts de température sont impressionnants, me dit Michelle. Je capte des sons que j'essaie d'associer à des animaux connus. Mes repères sont très approximatifs. Je réalise que je ne sais rien, ou si peu, de cet univers faunique. Le guide est un expert à qui nous nous en remettons entièrement.

Au lever du jour, je me pince le bras pour m'assurer que je ne dors pas. Un immense soleil rose et or vient se poser sur le sol pour devenir totalement orange lorsqu'il amorce sa course dans le ciel. Je suis émue de cette image troublante. Un nouveau jour se lève sans que je puisse dire de quoi il sera fait. Michelle me fait un sourire rassurant.

« Tu n'as quand même pas peur ? me dit-elle, taquine.

— Je vis seulement un stress positif... pour le moment. Je me sens à la fois chez moi et terriblement intimidée par tout cet espace. Comme un prisonnier qui atterrit dans le Grand Nord. C'est hallucinant ! »

Le guide nous regarde en souriant de toutes ses dents. La jeep roule sans bruit sur la piste chaotique pendant que je fais mes premières photos.

* * *

Derrière un bosquet d'arbres squelettiques, la jeep fonce tout droit dans une sorte de petite pente. Un troupeau d'antilopes occupe toute cette scène et, parmi elles, de grands *wilderbeasts* bleus aux cornes menaçantes. Après avoir freiné, le guide avance très lentement, interrompant le déjeuner de ces herbivores magnifiques. Je ne peux pas les dénombrer tellement il y en a partout dans la vallée. Certains lèvent la tête, curieux de notre présence, d'autres viennent nous flairer de près. Leur nez assez fin d'un bleu unique au monde est remarquable. Michelle et moi partageons notre étonnement de découvrir des taureaux sauvages qui sont des millions à migrer dans les grandes plaines africaines. Ils sont dépendants de l'eau et vivent en grands troupeaux; or, la jalousie des mâles est réputée et les combats pour défendre leur femelle sont féroces. À cette heure de calme, nous glissons parmi eux sans bruit, comme dans un ralenti magique, un peu irréel.

Nos yeux restent rivés à cette sorte de vague que font les *wilderbeasts* bleus en levant et en baissant la tête. Soudain, à moins de 3 mètres, un éléphant me toise. C'est un grand mâle qui se met à barrir avec force en s'avançant. Entre lui et moi, la distance se réduit. Seuls quelques bambous forment une mince barrière. Ses yeux me transpercent. Le guide pèse un peu sur l'accélérateur. L'éléphant lève sa trompe et secoue la tête. Il choisit de cueillir un grand bambou qu'il arrache avec fracas. Il en mâche une première section puis, de sa patte, il immobilise la tige et, d'un coup de dents, la brise en filaments. Son déjeuner semble lui plaire. J'aime mieux le voir ainsi. Quand l'appétit va… c'est parfait pour lui et rassurant pour moi.

J'ai chaud tout à coup. Le soleil commence à faire de l'effet, à moins que ce ne soit l'adrénaline… Un peu d'eau fraîche et la route nous semble plus sécurisante. Ni Michelle ni moi n'allons insister pour faire du hors-piste après ce que Matt nous a raconté hier. Rien qu'à l'évocation de cet avertissement, nous éclatons de rire…

À peine 200 mètres plus loin, dans les grands foins qui ondulent au vent, une harde de rhinocéros, monstres préhistoriques adaptés aux changements d'époque, apparaît. Il y a des rhinos blancs et des rhinos noirs qui se différencient par la forme et la couleur de leur nez. Trois tonnes de muscles qui peuvent démolir un mur de brique sans même ralentir le mouvement. Je regarde la jeep, qui me semble soudain très légère face à ces mastodontes. Nous avançons vers eux en retenant notre souffle. Les cornes aiguisées pointent vers le ciel tandis que les dents mastiquent les pousses d'herbes comme des friandises.

« Comment des herbivores peuvent-ils devenir si gros ? demande Michelle en riant.

— Je pense que nous avons des leçons à tirer d'eux : ils mangent le plus possible, boivent beaucoup et se reposent pendant de longues périodes, réduisant leur dépense énergétique au minimum. Ils doivent se sentir vraiment menacés pour se mettre en mouvement et alors, ils se défendent férocement. Ils emmagasinent... comme les humains inactifs. Ce qui les sauve, c'est qu'ils n'ont pas encore accès à la télévision...

— Très drôle ! ajoute Michelle en levant la main. Regarde ça ! »

Il y en a un qui vient de nous repérer. Il était caché tout près de nous, sur la droite. C'est au tour de Michelle de se sentir menacée. Il n'aime pas notre présence. Il accélère le pas. Visiblement, on sent une sorte de mauvaise humeur chez lui. Est-ce qu'il était caché dans les buissons pour monter la garde ? Michelle et moi nous sentons soudainement très vulnérables. Deux filles en danger. Il peut renverser la jeep. Il déplace de l'air. La tension monte. Un cri strident avertit le guide. « *Go ! Go ! Go !* » Le colosse lève le nez en nous défiant. Puis il émet un râle de mépris en voyant que le véhicule dégage la piste. Mais un autre se pointe en travers du chemin et nous fait face. Le guide va-t-il sortir de la piste pour le contourner ? Attendre qu'il se tasse ? C'est un mâle batailleur.

Il impressionne par sa stabilité comme une muraille ancrée sur quatre courtes pattes. Un bref coup de volant et le guide se faufile dans la brousse, en tentant d'éviter de frapper les autres membres du clan. La jeep tangue en chevauchant les creux et les bosses et son métal craque un peu. Nous bénissons le grillage qui arrive à la hauteur de notre tête, nous évitant d'être fouettées par les arbustes. En quelques secondes, la piste réapparaît, stable et dégagée. Le guide jette un coup d'œil à ses passagères : « Tout va bien ?

— Évidemment ! crions-nous en rigolant. Un safari sans peur, c'est comme un film raté… »

La balade exotique se poursuit à travers de grands espaces. Entre deux attroupements d'animaux, j'emmagasine une grande variété de sensations. Je réagis aux bruits, à l'odeur du vent, aux paysages réels, aux vibrations qui émanent du soleil, toujours aussi énorme, qui nous domine et nous éblouit. Les éléments agissent sur le corps humain en déclenchant un besoin impératif d'eau. Il faut boire pour contrer la sécheresse et atténuer la sensation de chaleur. Les lèvres brûlantes, le t-shirt trempé de sueur, nous avons toujours aussi soif d'aventure et le décor nous avale, kilomètre par kilomètre. Il est midi lorsque nous distinguons au loin le campement zoulou où nous allons passer la nuit. Une habitation rustique entourée d'une dizaine de petites huttes de terre battue protégées par une clôture de pieux enchevêtrés… Un îlot dans ce vaste parc animalier. Ouf !

La famille qui habite ici est typique des aborigènes, parlant seulement le zoulou et vivant selon le mode traditionnel. Pour survivre, ils ont le droit de chasser sans restriction. Nous mangerons donc une soupe de maïs pour dîner, car ils en cultivent une petite quantité, et un peu de ragoût de sanglier. À partir de graminées qu'ils pilent à la main, ils font un pain qui goûte le seigle. Ils ont accès à un puits que le gouvernement a creusé afin de leur assurer de l'eau en quantité. C'est le seul élément moderne, et encore, que l'on retrouve à des kilomètres à la ronde. Dans tous mes voyages, j'ai rarement ressenti cette impression d'être atterrie au milieu de nulle part. Comme notre guide est pris pour l'après-midi, nous déposons nos sacs à dos dans la hutte sans fenêtre et nous nous reposons quelques minutes sur la paillasse qui recouvre la plate-forme de bois. Pas de chaises, pas de toilettes, une petite table et un miroir. Pour les besoins naturels, il y a une zone semi-privée derrière la maison principale, sans papier, évidemment.

* * *

Je rêve sans doute et je vais me réveiller… Un éléphant a posé ses grosses pattes en plein centre de la piste. Il barrit aux quatre vents comme s'il appelait du renfort. Il en arrive deux par-ci et quatre par-là… Un bébé magnifique fait son apparition et se colle à sa mère. Il est si beau que j'ai le goût de m'en approcher. Il me regarde naïvement, Michelle freine d'un coup sec. Le moteur tourne si lentement que j'ai l'impression qu'il va caler. Elle lâche le volant et me fait un chut ! avec son doigt. Le silence autour de nous est impressionnant. Je commence à ressentir de l'insécurité. L'éléphanteau gambade dans notre direction. Il est simplement curieux. Je voudrais jouer avec lui comme en Thaïlande. Mais le contexte est différent. La maman est aux aguets, les autres membres du troupeau aussi. Avec sa trompe, le bébé vient explorer le grillage de métal qui nous entoure. « Surtout, ne le touche pas », me souffle Michelle.

Je réalise que je ne vais pas me réveiller. Les éléphants sont réels. Nous sommes entourées par une dizaine de spécimens très caractéristiques : les éléphants d'Afrique sont familiers, mais ils peuvent aussi devenir redoutables. Un rien peut les mettre en colère, comme une menace envers un bébé. Je mesure notre témérité. Nous n'aurions peut-être pas dû...

Au milieu de l'après-midi, nous avons ressenti le besoin de bouger, de quitter le campement qui manquait nettement de distractions. En gesticulant, nous avons demandé au chef du clan si nous pouvions prendre la seconde jeep pour faire une petite balade. Michelle a pris le volant. La consigne était : pas trop loin et pas trop vite, car nous devons être en mesure de retrouver notre chemin pour le retour. Nous avons pris note des différents signes de pistes sur un bout de papier, comme si nous avions créé la carte. Michelle me pointait les éléments et je les inscrivais. Nous nous serions crues dans un rallye jusqu'à ce que les éléphants entrent en scène.

Après un moment, Michelle me dit que nous devrions simplement reculer et rentrer au camp. Mais il y a aussi des gros pachydermes derrière nous. Nous sommes encerclées. Un gros mâle, qui semble préoccupé par notre présence, s'impatiente. Est-ce que le bébé est à lui ? Il fait battre ses oreilles comme deux gros éventails et se dandine sur ses pattes. Je dirais, en langage non verbal, qu'il se méfie de nous, qu'il ne fait pas confiance à ce qu'il voit et qu'il se tient prêt pour un mouvement quelconque... foncer sur nous pour protéger l'un des siens, par exemple. Le moteur tourne, me dis-je, afin de nous permettre aussi, si la chose est possible, de sortir de cette zone. Mais, même si nous le voulions, nous ne pourrions ni avancer ni reculer... Le temps passe. Nous entendons soudain le moteur d'un véhicule qui s'approche. Dans une autre jeep, les occupants voient la scène et s'arrêtent. La situation se complique. Le gros mâle les contourne et vient se placer derrière eux, barrant la piste. Les autres éléphants se repositionnent tous aux alentours, alors que mon charmant éléphanteau semble avoir faim. Moi qui ai l'habitude d'emporter des biscuits pour chiens et des gâteries pour chat, je cherche dans mon sac s'il n'y a pas quelque chose qu'un bébé éléphant pourrait apprécier... Rien ! Merde !

« C'est bien écrit de ne pas nourrir les animaux, me rappelle Michelle pour me déculpabiliser. Nous devons nous résoudre à attendre. »

Michelle a raison. Les autres visiteurs ont sans doute un guide avec eux, mais ils sont trop loin pour que nous nous livrions à une consultation verbale. Je parle tranquillement à mon nouvel ami : « Tu es magnifique ! Tu as faim ? » Si le contexte était moins dramatique, je le caresserais. Je lui montre mes mains vides. Il les flaire et les mouille avec sa trompe qu'il porte à sa bouche. Il aime ça ! Sa maman l'appelle. Elle barrit fortement comme pour le réprimander : « Je t'ai dit de ne jamais t'approcher des inconnus qui voyagent dans la savane. Ce n'est pas prudent ! » Le bébé fait demi-tour et rejoint sa mère, comme s'il se sentait coupable. Plusieurs éléphants barrissent à leur tour et un vent d'impatience les gagne.

Je regarde ma montre. La scène du grand silence dure depuis environ 30 minutes, plus peut-être. Le temps de mesurer que, avec leurs oreilles en forme de continent, les éléphants d'Afrique sont plus agressifs et réactifs que ceux d'Asie. C'est l'une des raisons pour lesquelles les grands jardins zoologiques choisissent plus souvent les spécimens asiatiques. Comme nous étions immobilisées et que les mouches nous ont flairées, j'ai aussi eu le temps de me culpabiliser doublement parce que je n'ai pas pris de médicament contre la malaria. Je me suis aspergée d'antimoustiques en espérant qu'ils ne me reconnaissent pas. J'ai pris un risque, je le sais. Puis, n'ayant plus rien pour nourrir mon esprit, j'ai apprécié ce grand silence. Pénétrant, apaisant et angoissant à la fois. Le temps et le bruit s'arrêtent-ils donc simultanément ?

Lorsque les grands pachydermes se mettent en file indienne pour aller vaquer à leurs occupations éléphantesques, j'entends s'éloigner peu à peu la vibration de leurs grosses pattes sur le sol. Ils se rangent docilement l'un derrière l'autre, suivant un chef non identifié. Michelle laisse échapper un soupir de soulagement. Les gens qui sont derrière nous nous envoient la main… Pas question de socialiser en quittant notre véhicule pour partager nos impressions. Est-ce aussi une application de la loi de la jungle, cette urgence de se concentrer sur nos propres objectifs ?

« Je propose que nous fassions demi-tour, dit Michelle. Je ne sais pas si mes nerfs supporteraient une autre expérience de ce genre.

— Parfait ! Je n'ai rien contre… Je te guide. »

Ma carte artisanale sur les genoux, nous refaisons la route jusqu'à une piste en Y qui me fait hésiter. Je n'avais pas noté cet embranchement parce qu'il était dans notre dos, à l'aller. Après une brève hésitation, nous prenons à gauche en nous disant que, d'ici 2 kilomètres, nous saurons bien reconnaître les indices ou l'absence d'indices. Michelle roule prudemment. La clairière est vaste et des impalas sont regroupés au loin, près d'un bouquet d'arbres. Au détour, la vision est stupéfiante : une colonie de babouins, des centaines, qui s'agitent, sautent dans les arbres, s'épouillent, mangent des herbes. Des femelles portent ou allaitent leur bébé, des mâles se disputent allègrement, d'autres se livrent à des accouplements expressifs dont on entend les échos avec une petite gêne. Michelle éteint le moteur de la jeep. Je filme tout ce que je vois comme si j'étais sur un plateau de cinéma, devant des figurants et des acteurs déployés dans un espace aussi invraisemblable que démesuré.

Je regarde tout autour. C'est un habitat de 2 ou 3 kilomètres carrés… Ces babouins sont chez eux, ici, regroupés en centaines de familles. Leur pelage est propre et ils ne sont infectés ni aux yeux ni aux oreilles… Ils sont enjoués et n'ont probablement jamais été examinés par aucun vétérinaire de toute leur vie, leurs parents non plus. Je mesure l'état de mes préjugés. Dans notre milieu superorganisé, la médecine vétérinaire nous semble une nécessité, une obligation vitale. Je vois que nous faisons erreur. La nature a mis en place son propre système d'équilibre : nourriture, vie sociale, soins maternels, vie en milieu naturel. Les bébés naissent et grandissent sans souffrir de quoi que ce soit. Les vieux font partie du clan et ils mourront normalement, naturellement. Ils semblent prendre plaisir à vivre leur vie de babouins, même sous le regard des humains qui s'en étonnent. La jeep ne les intéresse pas : ils ne quémandent rien, contrairement à ce qu'on appréhende après les avoir vus en captivité. Ils sont naturellement eux-mêmes dans un état de liberté.

Jamais de ma vie je n'avais pu faire ce constat aussi clairement. Je découvre l'espace et ses vertus sur l'authenticité des personnes et des animaux. Plus l'être vivant est confiné et entouré, moins il a la liberté d'exprimer ce qu'il est. Quel paradoxe pour nous qui aimons tant la société moderne ! Michelle me tire de ma profonde réflexion : « Je crois que nous ne sommes pas passées par ici. Il vaudrait mieux faire demi-tour et prendre l'autre piste. Qu'en penses-tu ?

— Je pense que cette erreur était bien planifiée… Je n'ai jamais vu une aussi belle image de la vie à l'état naturel de toute ma vie. J'en suis très heureuse… »

* * *

L'antilope qui nous servira de souper rôtit lentement sur les braises lorsque nous rentrons au camp. Pendant notre absence, quatre autres touristes se sont installés dans les huttes voisines. Assis dans l'herbe, nous partageons nos observations de la journée avec enthousiasme. Les membres de la famille zouloue se sont retirés dans la maison communautaire. Ils reviennent au moment du repas, le visage peint de rouge et de blanc et portant leurs vêtements traditionnels. Ils nous font partager un cérémonial, puis nous dégustons le gibier accompagné d'une tisane âcre. Le soleil s'engouffre dans une faille invisible, au fond du ciel magnifiquement illuminé. J'ai le cœur bizarrement sensible aux émotions que cette expérience me fait découvrir. Des sentiments primaires, sans nuances, comme la joie, l'amitié, la surprise, la curiosité, l'attention aux autres m'imprègnent tour à tour. Je ne suis plus une professionnelle, une mère, une conférencière : je suis d'abord une personne vivante qui interagit avec les membres de son espèce, un primate, un mammifère, une bibitte soi-disant intelligente.

Le repas terminé, au moment où le ciel tourne du rose fuchsia à l'encre noire, notre guide nous propose un safari de nuit. Les trois jeeps se suivront dans une section du parc où les félins évoluent librement. J'ai la chance de monter dans le véhicule de tête avec Michelle. Nous retenons notre souffle en voyant les hautes herbes s'entrouvrir pour nous laisser passer. La piste est impossible à voir, mais, par miracle, le projecteur éclaire les koudous, les zèbres et des gnous qui marchent en petits groupes. L'air se rafraîchit et un petit vent balaie les grands espaces. Alors que nous nous approchons d'un arbre sans feuilles, j'ouvre grand les yeux. Sur la branche du haut, une lionne est couchée et regarde le monde avec philosophie. Un silence magnifique, à peine troublé par le ronron du moteur, nous permet d'approcher. C'est la première lionne que je vois en pleine nature, même si j'en ai entraîné des dizaines dans ma vie. Au pied de l'arbre, d'autres membres de sa tribu sont en train de se partager avec appétit les restes d'un impala.

Maman lionne est racée, sa robe est impeccable et je ne vois aucune marque de blessure. Elle porte la tête haute, avec une sorte de dignité royale. En examinant plus attentivement la scène, je m'aperçois que, sur les autres branches de l'arbre, toute sa famille est près d'elle : trois femelles plus jeunes et cinq lionceaux de cinq à douze mois, les gros mâles bâillant leur ennui ou leur fatigue. J'imaginais que la vie sauvage entraînait automatiquement des dégradations, des mutilations, des infections parasitaires... Erreur ! La réalité me prouve bien que j'avais tort de croire que l'humain a tous les pouvoirs, dont celui d'assurer aux animaux des conditions de vie meilleures. Non. Le règne animal peut très bien survivre sans l'humain, mais la réciproque ne s'applique pas vraiment. Pour survivre, l'homme a besoin des autres espèces, animales et végétales. Alors, il tente de se rendre indispensable. Je suis déçue de ce lavage de cerveau qui m'a fait croire à des faussetés. Cette lionne est un exemple du succès des non-interventions humaines.

Évidemment, si on la capture, si on l'installe dans un zoo et qu'on lui demande de nous révéler les caractéristiques de son espèce, puis de nous divertir par un beau dimanche ensoleillé, on verra une lionne en cage avec nos yeux d'humains conditionnés. Ce que j'ai la chance de découvrir, c'est une lionne libre que je regarde avec mes yeux, sans le filtre des idées reçues. Pour elle, je suis heureuse. Elle n'est pas stressée et sa vie repose sur la socialisation au cœur de son clan, sa nourriture, l'eau, l'exercice quotidien sans frontières dont la chasse sera le principal stimulant. Je l'envie. J'irais volontiers prendre place à ses côtés, je deviendrais son amie… si je pouvais réparer ainsi les injustices causées à son espèce par nos prélèvements. J'irais lui expliquer que les humains commettent des erreurs en les justifiant par leur désir de savoir, de comprendre, de posséder. Je revois ma belle femelle puma. J'ai honte !

La jeep se faufile entre les différents attroupements de ces grands félins, les éclairant une minute ou deux pour nous permettre de saisir un moment de leur intimité animale. C'est touchant. Je me sens un peu voyeuse. J'entre dans un univers tellement différent ; cette vision-là a quelque chose de sacré pour moi. Les animaux ont leurs rituels plus ou moins secrets, que les humains n'ont pas à violer. Ils en ont tellement détruit, de ces connaissances, en les interprétant à leur avantage. Je voudrais m'excuser auprès des lions qui dorment ici et qui ont droit à leur repos.

« Nous sommes chanceux d'en voir autant. D'habitude, ils sont plus craintifs », dit le guide en fixant son projecteur sur la famille au complet qui est couchée à 100 mètres de nous.

C'est à la fois magnifique et culpabilisant. Nous sommes tellement curieux, envahissants, nous, les humains… Nous avons le culot de les traiter comme de la marchandise qui se vend et s'achète. Je vois que le gardien est aussi bouleversé, même si c'est son travail de nous amener ici.

« Il y a environ 150 lions dans cette zone. Ils chassent parfois en groupe, entourant un impala pour ensuite se le partager. Ils sont le plus souvent invisibles, par pudeur ou par souci de préserver leur mode de vie. Ce groupe-là est d'un calme impressionnant. Ils sont repus et pacifiques. »

La tournée se poursuit pendant encore une heure, puis nous rentrons au campement. Michelle me partage ses émotions qui tournent autour de la crainte, de l'émerveillement et de l'harmonie qu'elle a trouvés au cours de cette première journée. Moi, je m'endors avec une grosse boule de culpabilité dans la gorge. J'ai honte d'avoir cru que les animaux qui habitent les zoos et s'y reproduisent ont une vie meilleure que celle que la nature leur réserve. Ce safari m'a ouvert l'esprit sur un terrible mensonge, une supercherie érigée en système, une injustice que rien ne justifie.

* * *

Des trois guerriers zoulous qui nous accompagnent, seul le chef est armé d'un arc et de quelques flèches. Il marche devant le groupe, interprétant les traces dans le sol, les herbes cassées et les odeurs du vent. Michelle et moi l'observons, protégées par nos gardes du corps. Une haie de hautes herbes très flexibles nous laisse entrevoir, de l'autre côté, un troupeau de kudus et d'oryx, cousins de la grande famille des antilopes. Le chef nous fait signe de rester immobiles. Je regarde le chasseur prendre sa position, repérer la bête qu'il visera. Il consulte ses frères. Oui, cet animal plus âgé qui semble blessé à une patte est celui que le clan va prélever pour le repas du soir. Nous retenons notre souffle. Le tireur est patient. Il laisse le mouvement naturel du troupeau se dessiner, puis sa cible se détache lentement. L'animal fait ses derniers pas, se retourne et fixe le chasseur dans une sorte d'adieu librement consenti. Sait-il vraiment qu'il va mourir, de toute façon ? Je ne suis pas une adepte de la chasse. Je me sens mal pour lui. Il cligne des yeux et attend la seconde de l'impact. Il tombe dans un bruit sec et les autres animaux s'écartent. Un petit filet de sang tache sa fourrure. Les chasseurs sortent de leur cachette et nous avançons avec eux. Au moment où la bête est hissée sur une perche de bois, pieds liés pour la retenir, j'examine sa patte droite. « Il a été attaqué par un lion ou un couguar. Regardez cette blessure fraîche. C'est pour ça qu'il boitait… »

Ma phrase reste en suspens. Un rugissement féroce vient me couper la parole. Un lion en colère réclame cette proie. Il l'avait déjà marquée de ses crocs, mais elle avait eu le temps de se dégager. Cette fois, il la dispute aux chasseurs. Il est à 100 mètres à peine de nous cinq.

Seul le chasseur de tête est armé : il se met en position de nous défendre en posant un genou au sol pour être à la hauteur du félin. Il le voit grogner et hésiter. Le chasseur crie quelque chose d'une voix de gorge. Un mot qui porte dans le vent. Un message. Le lion dresse la tête. Le mot est rentré dans son oreille. Il fait demi-tour.

Je lui demande ce qu'il a dit. Il sourit : « Que les blondes ont mauvais goût ! » Nous éclatons de rire.

La bête est installée derrière la jeep et les gardiens restent debout, sur les marchepieds extérieurs du véhicule. Avant de rentrer au camp, le guide nous fait faire une boucle dans une sorte de savane où l'on devine des points d'humidité avec des pousses très vertes et des zones de sable. Quelques arbres à feuilles sont dispersés ici et là. Plusieurs familles de girafes y vivent paisiblement. Le silence pacifique de cette grande étendue me tire les larmes. Je pleure sur ma belle Madame. Cette girafe qui était confinée dans sa cage et avait peur d'en sortir. Je suis désolée de ce qu'on lui a volé quand je vois la réalité naturelle qui aurait pu être la sienne. Quelles bêtes magnifiques ! Elles évoluent entre ciel et terre, capables de boire en écartant les pattes et tout aussi capables de saisir quelques feuilles humides au sommet des arbres. Elles marchent sans se presser, laissant entre elles une zone de confort qui leur semble indispensable. La beauté à l'état pur… J'aurais voulu arrêter le temps ici, là, juste à cet instant.

* * *

J'ai donné rendez-vous à Margarita pour le lunch, au port de mer de Cape Town. Sur les quais de Waterfront, des lions de mer jouent à sauter dans l'eau ou se prélassent au soleil. Les bateaux entrent et sortent du port et le soleil est magnifique. Elle se pointe, enjouée, encore un peu victime du décalage horaire. Elle a mille questions à me poser, sur moi, sur mes expériences depuis le second stage au Temple des Tigres du printemps dernier et évidemment sur ce safari qui m'a grandement impressionnée. Je lui montre mon tatouage et c'est un rire débordant qui retentit.

« Tu as fait ça ? Tu es une fille vraiment hybride, plus animale qu'humaine… en dépit des apparences », me dit-elle.

En lui racontant les quelques bonnes frousses des derniers jours, j'ose lui révéler qu'une petite flamme s'est allumée dans mon cerveau. Elle boit mes paroles, n'osant pas m'interrompre.

« Écoute, mon amie… Je suis déchirée entre homme et animal comme jamais. Je me rends compte que j'ai grandi dans un bocal, dans une sorte de cage psychologique : je suis comme un poisson rouge à qui on a donné la chance de grandir, de s'instruire et de trouver sa voie professionnelle dans un esprit où l'homme justifie toujours toutes ses décisions par des arguments très plausibles. Ma passion pour les animaux, tu le sais mieux que quiconque, est ce qui m'a définie, m'a stimulée et j'ai toujours ressenti une soif de quelque chose de plus, tout au long de ma progression. Mais je me rends compte que j'ai fait tout cela en étant prisonnière de mon bocal, vois-tu, et je l'ignorais totalement ! Or, depuis quelques jours, j'ai pu sauter en dehors de cette mentalité construite par les humains. J'ai goûté à la liberté ! J'ai pu observer l'autre monde, le vrai. Cette découverte, c'est celle que je viens de faire. Je suis sortie de mon bocal et je me suis retrouvée comme un poisson rouge au milieu de la mer. Le safari m'a plongée dans un univers où le temps et l'espace appartiennent aux animaux, et, autour d'eux, à tout ce qui vit, incluant les humains. Ils vivent libres et dans un état de totale harmonie. Tu vois, même les humains pourraient envier cet état de symbiose. C'était en même temps la question et la réponse à ce que j'attendais. Cela me confirme que je fais partie de ce règne en évolution qui peut, par nature, vivre sans l'homme. Margarita, je ne serai plus jamais la même ! Je veux aussi cette liberté, non seulement pour moi-même, mais pour tous les êtres vivants qui sont prisonniers, le plus souvent de leurs propres croyances. Apprendre à vivre libre et trouver comment mes meilleurs amis, les animaux, peuvent retrouver la liberté, eux aussi, ce sera ma nouvelle mission ! »

Margarita me regarde, de ses yeux francs et pétillants, puis, toujours avec une intuition qui ne se dément pas, elle ajoute : « Quelle animale indomptable ! Je lève mon verre à ta liberté ! »

Conclusion

Je sais maintenant que je vivrai à la recherche de la liberté jusqu'à mon dernier souffle, sans regret et sans remord aucun.

Il m'arrive de fermer les yeux et de tenter de voir ce que je serai devenue, dans 20 ans... Je visualise d'abord de l'espace, puis une petite maison de campagne avec une fermette grouillante de vie, des chats, des chiens, un cheval, sur un îlot de verdure bien à moi. Le soleil entre par la fenêtre ouverte, mais la chaise berçante est vide. Elle attend patiemment que je me calme pour me tendre les bras.

Le temps m'aura aussi transformée, mais c'est surtout ma pensée libre qui aura été à la base de ma sérénité. Alors, je prendrai le temps de revivre le film de ma vie, en espérant que ma belle folie puisse inspirer mes petits-enfants et leur ouvrir toutes grandes les portes de leurs propres passions.

Les humains ne sont-ils pas comme des embryons d'oiseau, prisonniers de leur coquille ? Il faut se battre pour en sortir, pour faire face aux difficultés. Mais c'est la seule façon de s'accomplir vraiment. Le poussin titube, se relève, apprend à marcher, trouve ce dont il a besoin pour grandir. Rester dans son cocon, trop confortable, c'est renoncer à l'espoir et au dépassement de soi. La liberté, c'est cet apprentissage qui comporte des échecs, des combats et des embûches, et qui s'accompagne d'une magnifique poussée d'adrénaline à chaque victoire. Le grand rêve de s'envoler devient possible, un beau matin. Alors on peut réellement devenir un humain sans frontières. Ce qui donne un sens à la vie, c'est ce désir de vivre nos passions, sans limites.

À chacun sa vie ! La mienne est loin d'être terminée…

Remerciements

Pour enseigner, il faut d'abord aimer passionnément apprendre. C'est ce fil conducteur qui m'a permis d'ouvrir, les unes après les autres, les portes de la connaissance, des apprentissages et des expériences parfois risquées.

Paradoxalement, en étudiant les animaux, en me spécialisant dans la compréhension de ce qui les amène à évoluer, j'ai aussi découvert comment les humains fonctionnent. Ce n'est donc pas étranger au fait que les spécialistes en comportement animal et les psychologues travaillent très souvent en collaboration étroite, afin d'associer leurs connaissances pour dresser un portrait de la relation entre les deux espèces. Je pense à Dany et à Andrée, en particulier, qui m'ont très souvent mise sur la piste de communications plus efficaces avec mes meilleurs amis, les animaux.

La petite flamme qui s'allume dans mes yeux lorsque je raconte, autour de moi, les moments les plus marquants de ma vie, bien des parents, des amis, des collègues et des étudiants l'ont observée. Mais lorsqu'un éditeur prénommé Erwan m'a demandé de traduire cette passion pour qu'elle puisse inspirer des lecteurs, c'est un défi immense qu'il m'a lancé. Pourquoi ? Sans doute parce qu'écrire me permet de raconter et que j'y ai pris un plaisir évident, tout en déplorant, page après page, cette absence d'interaction qui m'a constamment forcée à me remettre en question.

Le sujet de ce livre, c'est ma passion pour la vie et pour les animaux. Me raconter m'aura permis aussi de poser un regard sur toutes ces personnes qui m'ont tendu la main, au fil des dernières années. Chacun m'a amenée à me mesurer à des circonstances exceptionnelles. J'ai voulu, au fil de ce récit, non seulement vous faire partager mes joies, mes colères et mes peurs aussi, en revivant ces poussées d'adrénaline, mais j'ai volontairement associé à cet exercice ceux et celles qui ont été des témoins actifs des faits marquants de ma carrière.

J'y ai décrit l'amitié, la complicité, l'écoute, la recherche de soi à travers les expériences humaines. N'est-ce pas ce qui nourrit nos rêves et enrichit nos parcours respectifs ?

Mes mots volent plus librement dans l'air que sur le papier ; alors j'ai eu recours à une assistante qui a su traduire et exprimer l'essence de mes états d'âme, décrire mes coups de gueule et partager mes motivations profondes. Merci donc à Marie Brassard pour cette capacité de voir à travers les gens, d'aller à l'essentiel et de savoir comment faire s'envoler une page blanche, puis une autre et des centaines à leur suite. C'est comme si ma passion avait soudain des ailes et du vent pour l'aider à prendre son envol jusqu'à vous, lecteur.

Merci à ma famille de me partager si généreusement avec le monde animal. Il m'arrive de m'éloigner de vous, mais jamais vous ne quittez mon cœur.

Ma plus grande découverte, c'est celle de la valeur de la vie. Puissiez-vous aussi l'apprécier, sans avoir à la remettre en jeu.

Merci enfin à tous les amis des animaux, leurs défenseurs, leurs compagnons ou compagnes fidèles et respectueux de leur véritable nature. Ils comptent sur nous, tous !

Table des matières

Suivez les Éditions de l'Homme sur le Web

Consultez notre site Internet et inscrivez-vous à l'infolettre pour rester informés en tout temps de nos publications et de nos concours en ligne. Et croisez aussi vos auteurs préférés et l'équipe des Éditions de l'Homme sur nos blogues !

www.edhomme.com

Achevé d'imprimer au Canada
sur papier Enviro 100% recyclé